云计算技术应用丛书
1+X证书制度试点培训用书

云计算中心运维服务

（中级）

组　编：联想教育科技（北京）有限公司
主　编：彭亚发　黄君羡
副主编：唐浩祥　欧阳绪彬
主　审：李祥林　陈　靖

电子工业出版社
Publishing House of Electronics Industry
北京·BEIJING

内容简介

本书以云数据中心运维项目为背景，采用项目化的编写体例，主要内容包括：云数据中心网络架构规划与部署，对路由器与交换机进行相关配置，完成云数据中心基础网络环境的搭建；X86 服务器与存储运维，将计算节点虚拟化，安装存储节点并初始化配置，完成云数据中心基础硬件环境的配置；部署高可用的基础服务与应用服务，在计算节点及存储节点上部署高可用的企业基础服务和应用服务以满足业务需要；云数据中心自动化运维与监控，在计算节点及存储节点上完成自动化运维与监控的配置。

本书是 HX 证书制度——云计算中心运维服务职业技能等级证书（中级）指定教材，也可作为职业院校计算机类专业的教学用书。

未经许可，不得以任何方式复制或抄袭本书之部分或全部内容。
版权所有，侵权必究。

图书在版编目（CIP）数据

云计算中心运维服务：中级 / 彭亚发，黄君羡主编．
-- 北京：电子工业出版社，2021.8
ISBN 978-7-121-41671-2

Ⅰ．①云… Ⅱ．①彭… ②黄… Ⅲ．①云计算—高等学校—教材 Ⅳ．① TP393.027

中国版本图书馆 CIP 数据核字（2021）第 148025 号

责任编辑：朱怀永
印　　刷：涿州市般润文化传播有限公司
装　　订：涿州市般润文化传播有限公司
出版发行：电子工业出版社
　　　　　北京市海淀区万寿路 173 信箱　邮编 100036
开　　本：787×1092　1/16　印张：20.5　字数：524.8 千字
版　　次：2021 年 8 月第 1 版
印　　次：2024 年 1 月第 3 次印刷
定　　价：59.80 元

凡所购买电子工业出版社图书有缺损问题，请向购买书店调换。若书店售缺，请与本社发行部联系，联系及邮购电话：（010）88254888，88258888。

质量投诉请发邮件至 zlts@phei.com.cn，盗版侵权举报请发邮件至 dbqq@phei.com.cn。
本书咨询联系方式：（010）88254609 或 hzh@phei.com.cn。

前 言

"1+X"证书制度是《国家职业教育改革实施方案》确定的一项重要改革举措,是职业教育领域的一项重要的制度设计创新。面向职业院校和应用型本科院校开展的"1+X"证书制度试点工作是落实《国家职业教育改革实施方案》的重要内容之一,为了顺利推进云计算中心运维服务职业技能等级标准,帮助学生通过云计算中心运维服务职业技能等级认证考试,联想教育科技(北京)有限公司组织编写了云计算中心运维服务初级、中级教材。整套教材的编写遵循云计算技术技能专业人才职业素养养成和专业技能积累规律,将职业能力、职业素养和工匠精神融入教材设计思路。

作为全球领先的ICT科技企业和企业数字化、智能化解决方案的全球顶级供应商,联想积极推动全行业"设备+云"和"基础设施+云"的发展,以及智能化解决方案的落地,为用户与全行业提供整合了应用、服务和最佳体验的智能终端,以及强大的云基础设施与行业智能解决方案。本书以云计算中心运维服务职业技能等级标准(中级)为编写依据,以联想服务器为主要平台,以云数据中心部署与运维综合项目为依托,以工作过程系统化的理念为指导思想,从行业的实际需求出发组织全部内容。本书的特色如下。

1. 课证融通、校企双元开发

本书由联想、广东交通职业技术学院正月十六工作室等单位联合编写。全书围绕云计算中心运维服务岗位对云计算中心的硬件接入、应用软件部署、硬件运行维护、软件系统运行维护、资源管理、服务请求响应处理等核心技术技能的要求,在具体项目中导入了联想服务商的典型项目案例和标准化业务实施流程;同时,高校教师团队按应用型人才培养要求和教学标准,将厂商和服务商的资源进行教学化改造,形成符合学习者认知特点的工作过程系统化教材。

2. "项目贯穿、课产融合",核心内容符合云计算中心运维服务岗位技能培养要求

本书在编写中坚持用业务流程驱动学习过程的理念。全书围绕一个综合项目并按企业工程项目实施流程分解为若干工作任务。通过项目背景、项目分析、项目相关知识等环节为任务实施做铺垫;任务实施过程由任务说明、任务操作和任务验证构成,符合工程项目实施的一般规律。

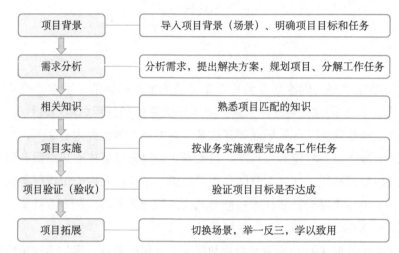

项目拓展的实训部分具有延续性和复合型特征。编写团队精心设计了项目实训内容，实训题目不仅考核本项目相关知识、技能和业务流程，还涉及前序知识与技能，符合企业项目的复合型实际，既巩固了知识和技能，还能让学生熟悉知识与技能在实际场景中的应用与业务实施流程。

本书既可用于教育部"1+X"证书云计算中心运维服务职业技能等级标准（中级）的教学和培训，也可以作为电子和计算机等专业的网络类课程的教材或者实验指导书，用来增强学生的网络知识、操作技能和职业素养。同时，对于从事云计算中心运维的技术人员，也是一本很实用的技术参考书。若作为教学用书，参考学时为64~88学时，各章节的参考学时如下。

学时分配表

章名	参考学时
项目1 数据中心接入网络部署	4~6
项目2 数据中心核心网络部署	4~6
项目3 x86服务器虚拟化配置与管理	6~8
项目4 云存储的配置与管理	8~10
项目5 部署高可用的企业基础服务	8~10
项目6 部署企业DNS和FTP服务	6~8
项目7 基于LAMP部署ERP系统	6~8
项目8 部署企业的门户网站	4~6

续表

章名	参考学时
项目 9　部署基于 NLB 的高可用门户网站	4~6
项目 10　部署 Zabbix 服务监控数据中心设备	6~8
项目 11　基于 Python 的数据中心设备自动备份	6~8
课程考评	2~4
学时总计	64~88

本书由彭亚发和黄君羡担任主编，唐浩祥和欧阳绪彬担任副主编，其他编者的信息如下。
教材编写单位和作者信息

参编单位	编者
联想教育科技（北京）有限公司	王玉伟、张劲、鲁维
正月十六工作室	欧阳绪彬、陈艺、刘勋
广东交通职业技术学院	刘伟聪、简碧园
广州市工贸技师学院	李文远

在本书的各项目中，以二维码的方式链接了电子教案、教学视频等数字化学习资源，读者可扫码观看。

由于编者水平和经验有限，书中难免存在不足和疏漏之处，恳请读者批评指正。

编　者
2021 年 1 月

目 录

项目1 数据中心接入网络部署

学习目标 ·· 002
项目描述 ·· 002
项目分析 ·· 003
项目拓扑 ·· 003
项目规划 ·· 003
项目相关知识 ··· 006
  1.1 数据中心与云数据中心 ·· 006
  1.2 VLAN基本概念 ··· 006
      1. VLAN的用途 ··· 006
      2. VLAN的原理 ··· 007
      3. VLAN在实际网络中的应用 ································· 007
      4. 划分VLAN的方法 ·· 008
      5. 交换机端口的分类 ·· 009
  1.3 STP的工作原理 ·· 010
      1. 生成树的生成过程 ·· 010
      2. STP端口的状态 ··· 010
      3. RSTP的端口状态 ·· 011
      4. 边缘端口 ··· 012
  1.4 链路聚合的概念 ··· 012
      1. 链路聚合概述 ··· 012
      2. 链路聚合的基本概念 ··· 013
项目实践 ·· 014
  任务1-1 创建虚拟局域网 ··· 014
  任务1-2 配置链路聚合 ··· 018
  任务1-3 配置交换机端口模式 ·· 021
  任务1-4 配置生成树 ·· 025
课后练习 ·· 027
  一、单选题 ··· 027
  二、多选题 ··· 027

项目2　数据中心核心网络部署

学习目标 ·· 030
项目描述 ·· 030
项目分析 ·· 031
项目拓扑 ·· 031
项目规划 ·· 031
项目相关知识 ··· 033
 2.1 VLAN间路由的概念 ································· 033
  1. VLAN间二层通信的局限性 ························ 033
  2. VLAN间路由的3种方法 ······························ 033
 2.2 ACL的基本原理 ·· 036
  1. ACL的基本概念 ··· 036
  2. ACL的规则 ··· 037
  3. ACL的规则匹配 ··· 037
  4. ACL分类 ·· 038
 2.3 AAA认证 ·· 038
  1. AAA认证的基本概念 ··································· 038
  2. AAA认证的基本模型 ··································· 039
项目实践 ·· 040
 任务2-1 配置IP及路由 ·· 040
 任务2-2 配置访问控制列表 ································ 043
 任务2-3 配置设备远程管理功能 ························ 044
课后练习 ·· 049
 一、单选题 ·· 049
 二、多选题 ·· 050

项目3　x86服务器虚拟化配置与管理

学习目标 ·· 054
项目描述 ·· 054
项目分析 ·· 055
项目相关知识 ··· 056
 3.1 云计算基础 ·· 056

1. 云计算的基本概念	056
2. 云计算的三种服务模式	056
3.2 虚拟化基础	057
1. 虚拟化的基本概念	057
2. 虚拟化的分类	057
3. 虚拟化技术的基本概念	057
3.3 vSphere基础	057
3.4 vCenter Server基础	057
1. vCenter Server的基本概念	057
2. vCenter Server的部署方式	058
项目实践	058
任务3-1 安装ESXi主机	058
任务3-2 配置ESXi主机的网络	065
任务3-3 部署vCenter Server服务	070
课后练习	082
一、单选题	082
二、多选题	082

项目4 云存储的配置与管理

学习目标	084
项目描述	084
项目分析	086
项目相关知识	087
3.1 存储的基础知识	087
1. 存储的基本概念	087
2. 存储系统的基本架构	087
3.2 RAID介绍	088
任务4-1 存储服务器的基本配置	089
任务4-2 配置存储的卷组和卷	098
任务4-3 创建主机及主机集群	104
任务4-4 为主机分配存储卷,挂载存储空间	108
课后练习	114
一、单选题	114

二、多选题 …………………………………………………… 115
三、项目实训题 ………………………………………………… 115

项目5 部署高可用的企业基础服务

学习目标 …………………………………………………………… 118
项目描述 …………………………………………………………… 118
项目分析 …………………………………………………………… 120
项目相关知识 ……………………………………………………… 121
 5.1 虚拟机高可用性 …………………………………………… 121
 5.2 虚拟交换机 ………………………………………………… 122
  1. 虚拟交换机的基本概念 ………………………………… 122
  2. 虚拟交换机的分类 ……………………………………… 122
任务5-1 创建高可用主机群集 …………………………………… 123
任务5-2 创建虚拟机模板 ………………………………………… 134
任务5-3 创建分布式交换机 ……………………………………… 151
任务5-4 通过虚拟机模板部署虚拟机并加入虚拟网络 ………… 161
课后练习 …………………………………………………………… 175
 一、单选题 ……………………………………………………… 175
 二、多选题 ……………………………………………………… 176

项目6 部署企业DNS和FTP服务

学习目标 …………………………………………………………… 178
项目描述 …………………………………………………………… 178
项目分析 …………………………………………………………… 179
项目相关知识 ……………………………………………………… 180
 6.1 DNS的概念 ………………………………………………… 180
 6.2 DNS的域名空间 …………………………………………… 180
 6.3 DNS服务器的类型 ………………………………………… 181
 6.4 DNS的查询模式 …………………………………………… 182
 6.5 Linux系统中的DNS服务配置 ……………………………… 182
 6.6 FTP的概念 ………………………………………………… 184
 6.7 FTP的工作原理 …………………………………………… 184

6.8　FTP典型消息 184
　　6.9　Linux中的FTP服务配置 186
　项目实践 187
　　任务6-1　部署DNS服务器 187
　　任务6-2　部署FTP服务器 192
　课后练习 198
　　一、单选题 198
　　二、多选题 198
　　三、项目实训题 199

项目7　基于LAMP部署ERP系统

学习目标 204
项目描述 204
项目分析 206
项目相关知识 207
　7.1　LAMP的简介 207
　7.2　Linux系统中的Web服务配置 207
　7.3　Linux中的MySQL服务配置 209
　7.4　数据库管理语句 210
　7.5　PHP简介 210
项目实践 211
　任务7-1　部署MySQL数据库服务 211
　任务7-2　部署Apache和PHP服务 218
　任务7-3　部署ERP系统 222
课后练习 224
　一、单选题 224
　二、多选题 225
　三、项目实训题 225

项目8　部署企业的门户网站

学习目标 230
项目描述 230

项目分析 ··· 231
项目相关知识 ··· 231
  8.1 Web的概念 ·· 231
  8.2 URL的概念 ·· 232
      1. 协议类型 ·· 232
      2. 主机名 ·· 232
      3. 端口号 ·· 232
      4. 路径/文件名 ·· 232
  8.3 Web服务的类型 ·· 232
  8.4 IIS简介 ·· 233
任务　在Windows Server 2019中部署企业门户网站 ················· 233
课后练习 ··· 240
    一、单选题 ·· 240
    二、多选题 ·· 240

项目9　部署基于NLB的高可用门户网站

学习目标 ··· 244
项目描述 ··· 244
项目分析 ··· 246
项目相关知识 ··· 246
  9.1 什么是NLB技术 ·· 264
  9.2 NLB的工作原理 ·· 246
项目实践 ··· 247
任务9-1　在Windows Server 2019中部署NLB群集 ················· 258
课后练习 ··· 258
    一、单选题 ·· 258
    二、多选题 ·· 259

项目10　部署Zabbix服务监控数据中心设备

学习目标 ··· 262
项目描述 ··· 262

项目分析 262
项目相关知识 263
10.1　Zabbix简介 263
10.2　SNMP简介 264
10.3　SNMP架构 264
10.4　SNMP版本 266
任务10-1　Zabbix服务的部署 267
任务10-2　配置Zabbix监控交换机 278
任务10-3　配置Zabbix监控Windows主机 287
任务10-4　配置Zabbix监控Linux主机 291
课后练习 294
　一、单选题 294
　二、多选题 295
　三、项目实训题 295

项目11　基于Python的数据中心设备自动备份

学习目标 298
项目描述 298
项目分析 298
项目相关知识 299
11.1　什么是Python技术 299
11.2　Python的模块 300
11.3　基于Python的文件读写 301
项目实践 302
任务11-1　使用Python修改网络设备的管理密码 302
任务11-2　使用Python和计划任务完成网络设备的每日备份 306
课后练习 312
　一、单选题 312
　二、多选题 313
　三、项目实训题 313

项目 1

数据中心接入网络部署

云计算中心运维服务

学习目标

① 掌握 VLAN 的基本概念，能在交换机上创建虚拟局域网，实现局域网隔离。
② 掌握 STP 的工作原理，能在交换机上配置生成树，防止形成环路。
③ 掌握链路聚合的概念，能在交换机上配置链路聚合，提高交换机互联带宽。

项目描述

Jan16 公司购置了两台计算节点、一台存储节点和一批交换机，用于建设公司的云数据中心。根据业务需求，公司对计算节点、存储节点等网络设备做了初步规划，具体要求如下：

（1）核心交换机和两台云数据中心接入交换机分别使用两条链路互联提高带宽。
（2）计算节点、存储节点及网络运维部需要划分到不同网络以实现各业务网络隔离。
（3）核心交换机与两台云数据中心接入交换机两两互联，方便在网络故障时快速切换。
（4）计算节点中存在虚拟交换机，要求虚拟交换机能与云数据中心交换机连通。

公司网络拓扑和设备 IP 如图 1-1 所示。

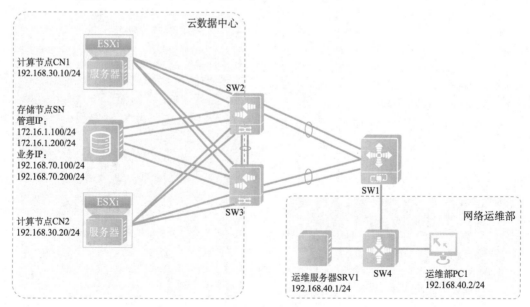

图 1-1　公司网络拓扑和设备 IP

网络运维部的设备包括运维服务器 SRV1、交换机 SW4 和运维部 PC1。云数据中心包括两台作为计算节点的服务器 CN1、CN2，一台作为存储节点的服务器 SN。云数据中心与网络运维部之间通过两台云数据中心接入交换机（SW2、SW3）、一台核心交换机（SW1）相连。

本项目需要根据公司的业务规划完成网络互联的规划，要求如下。

（1）核心交换机和两台云数据中心接入交换机两两互联，既提高带宽，也方便在网络发生故障时快速切换。

（2）计算节点中存在虚拟交换机（采用 VMware vSphere 的 ESXi 体系结构），虚拟交换机能与云数据中心接入交换机连通。

根据项目描述，公司网络需要创建 VLAN 实现网络划分；交换机互联端口需要配置为 Trunk 接口并连通相关 VLAN；计算节点计划创建虚拟交换机，为了实现虚拟交换机与物理交换机的互联互通，需要在计算节点业务接口连接的云数据中心接入交换机接口上配置 Trunk；各交换机上需要配置快速生成树，防止环路，同时将连接服务器和 PC 机的端口配置为边缘端口。

因此，本项目可以通过以下工作任务来完成。

（1）创建虚拟局域网，实现各业务网络隔离。
（2）配置链路聚合，提高交换机互联带宽。
（3）配置交换机端口模式，实现跨交换机通信。
（4）配置生成树，防止交换机环路。

根据"项目分析"，优化后的公司网络拓扑如图 1-2 所示。

项目规划

根据以上"项目拓扑"中形成的公司网络拓扑进行项目的业务规划，相应的 VLAN 规划、端口互联规划分别见表 1-1 和表 1-2。

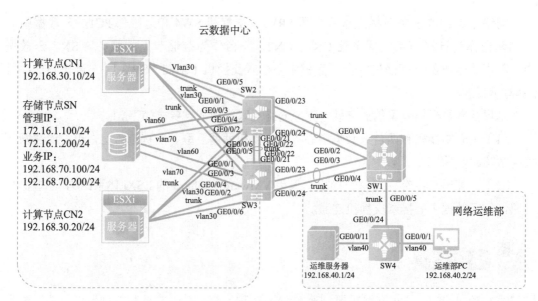

图 1-2 优化后的公司网络拓扑

表 1-1 VLAN 规划

VLAN ID	VLAN 命名	用途
VLAN 10	vnet10	虚拟交换机 1
VLAN 20	vnet20	虚拟交换机 2
VLAN 30	x86	计算节点管理 IP
VLAN 40	net_mgmt	网络运维部
VLAN 50	to_internet	云数据中心出口
VLAN 60	storage	存储节点管理 IP
VLAN 70	storage_service	存储节点业务 IP
VLAN 100	switch_mgmt	交换机管理

表 1-2 端口互联规划

本端设备	本端端口	端口配置	对端设备	对端端口
SW1	GE0/0/1	Trunk	SW2	GE0/0/23
SW1	GE0/0/2	Trunk	SW2	GE0/0/24
SW1	GE0/0/3	Trunk	SW3	GE0/0/23

续表

本端设备	本端端口	端口配置	对端设备	对端端口
SW1	GE0/0/4	Trunk	SW3	GE0/0/24
SW1	GE0/0/5	Trunk	SW4	GE0/0/24
SW2	GE0/0/1	Trunk	计算节点1	ETH0
SW2	GE0/0/2	Trunk	计算节点2	ETH0
SW2	GE0/0/3	Access VLAN 60	存储节点	ETH0
SW2	GE0/0/4	Access VLAN 70	存储节点	ETH2
SW2	GE0/0/5	Access VLAN 30	计算节点1	ETH2
SW2	GE0/0/6	Access VLAN 30	计算节点2	ETH2
SW2	GE0/0/21	Trunk	SW3	GE0/0/21
SW2	GE0/0/22	Trunk	SW3	GE0/0/22
SW2	GE0/0/23	Trunk	SW1	GE0/0/1
SW2	GE0/0/24	Trunk	SW1	GE0/0/2
SW3	/0/1	Trunk	计算节点1	ETH1
SW3	GE0/0/2	Trunk	计算节点2	ETH1
SW3	GE0/0/3	Access VLAN 60	存储节点	ETH1
SW3	GE0/0/4	Access VLAN 70	存储节点	ETH3
SW3	GE0/0/5	Access VLAN 30	计算节点1	ETH3
SW3	GE0/0/6	Access VLAN 30	计算节点2	ETH3
SW3	GE0/0/21	Trunk	SW2	GE0/0/21
SW3	GE0/0/22	Trunk	SW2	GE0/0/22
SW3	GE0/0/23	Trunk	SW1	GE0/0/3
SW3	GE0/0/24	Trunk	SW1	GE0/0/4
SW4	GE0/0/1	Access VLAN 40	运维部 PC	ETH0
SW4	GE0/0/11	Access VLAN 40	运维服务器	ETH0
SW4	GE0/0/24	Trunk	SW1	GE0/0/5

云计算中心运维服务

项目相关知识

1.1 数据中心与云数据中心

数据中心（DC，DataCenter）是指在一个物理空间内实现信息的集中处理、存储、传输、管理等功能的设备集群系统，包括服务、存储、网络等关键设备和这些关键设备运行所需要的环境因素，如供电、制冷、消防、监控等基础设施。

云数据中心是一种基于云计算架构的，计算、存储及网络资源松耦合，完全虚拟化各种 IT 设备、模块化程度较高、自动化程度较高、具备较高绿色节能程度的新型数据中心。云数据中心有以下特点：

（1）高度的虚拟化，这其中包括服务、存储、网络、应用等虚拟化，使用户可以按需调用各种资源；

（2）自动化管理，包括对物理服务器、虚拟服务器等的自动化管理。

1.2 VLAN 基本概念

虚拟局域网（Virtual Local Area Network，VLAN）是将一个物理的局域网在逻辑上划分成多个广播域（信号接收范围）的技术。这样的虚拟划分能把信息限制在虚拟局域网的范围内，起到提高网络的传输效率、增强网络的安全性、突破物理限制进行共享和管理等作用。通过在交换机上配置 VLAN，可以实现在同一个 VLAN 内的主机可以相互通信，而不同 VLAN 间的主机相互隔离。

1. VLAN 的用途

为限制广播域的范围，减少局域网（通常为一个部门或组织）的广播流量，需要将非本局域网的主机隔离（局域网是基于 MAC 地址进行通信的，MAC 工作在第二层，因此通常将这种隔离称为二层隔离）。路由器是基于 IP 地址信息来选择路由和转发数据的，其连接两个网段时可以有效抑制局域网广播报文的转发，然后在路由器的每个端口连接一台交换机供局域网主机接入。基于路由器的局域网广播域如图 1-3 所示。

这种解决方案虽然解决了部门计算机的二层隔离，但是成本较高，因此，人们设想在一台或多台交换机上构建多个逻辑局域网，即用 VLAN 来实现部门计算机间的二层隔离，使得每台交换机独立构成一个广播域，不同部门的主机间实现了二层隔离。

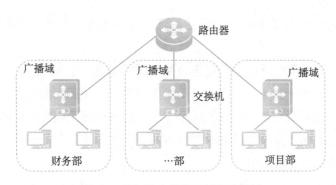

图 1-3 基于路由器的局域网广播域

2. VLAN 的原理

VLAN 技术可以将一个物理局域网在逻辑上划分成多个广播域，也就是多个 VLAN。VLAN 技术部署在数据链路层，用于隔离二层流量。同一个 VLAN 内的主机共享同一个广播域，它们之间可以直接进行二层通信。而 VLAN 间的主机属于不同的广播域，不能直接实现二层互通。这样，广播报文就被限制在各个相应的 VLAN 内，同时也提高了网络安全性。如图 1-4 所示，原本属于同一广播域的主机被划分到两个 VLAN 中，即 VLAN1 和 VLAN2。VLAN 内部的主机可以直接在二层互相通信，VLAN1 和 VLAN2 之间的主机无法实现二层通信。

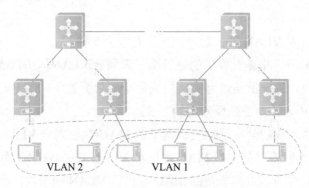

图 1-4 VLAN 隔离广播域

3. VLAN 在实际网络中的应用

网络管理员可以使用不同方法，把交换机上的每个接口划分到某个 VLAN 中，以此在逻辑上分隔广播域。交换机能够通过 VLAN 技术为网络带来以下变化。

（1）增加了网络中广播域的数量，同时减少了每个广播域的规模，相对地减少了每个广播域中终端设备的数量。

（2）提高了网络设计的逻辑性，管理员可以规避地理、物理等因素对于网络设计的限制。

在常见的企业园区网设计中，公司会为每个部门创建一个 VLAN，各自形成一个广播域，部门内部员工之间能够通过二层交换机直接通信，不同部门的员工之间必须通过三层 IP 路由功能才可以相互通信。如图 1-5 所示，通过对两栋楼互联交换机的配置，为两栋楼的财务部创建 VLAN10，为技术部创建 VLAN20，不仅实现了部门间的二层广播隔离，还实现了部门跨交换机的二层通信。

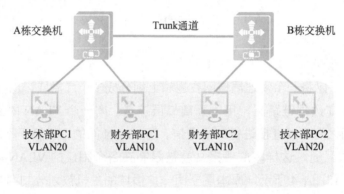

图 1-5　企业跨地域 VLAN 的配置应用

4. 划分 VLAN 的方法

在实际网络中，对 VLAN 进行划分的方法有以下 5 种。

（1）基于端口划分：根据交换机的端口编号来划分 VLAN。初始情况下，交换机的端口都处于 VLAN1 中，管理员通过为交换机的每个端口配置不同的 PV ID，将不同端口划分到不同的 VLAN 中，该方法是最常用的方法。

（2）基于 MAC 地址划分：根据主机网卡的 MAC 地址划分 VLAN。此划分方法需要网络管理员提前配置网络中的主机 MAC 地址和 VLAN ID 的映射关系。如果交换机收到不带标签的数据帧，会查找之前配置的 MAC 地址和 VLAN 映射表，然后根据数据帧中携带的 MAC 地址来添加相应的 VLAN 标签。

（3）基于 IP 子网划分：交换机在收到不带标签的数据帧时，根据报文携带的 IP 地址给数据帧添加 VLAN 标签。

（4）基于协议划分：根据数据帧的协议类型（或协议族类型）、封装格式来分配 VLAN ID。网络管理员需要先配置协议类型和 VLAN ID 之间的映射关系。

（5）基于策略划分：使用几个条件的组合来分配 VLAN 标签。这些条件包括 IP 子网、端口和 IP 地址等。只有当所有条件都匹配时，交换机才为数据帧添加 VLAN 标签。另外，针对每条策略都是需要手工配置的。

以上 5 种 VLAN 划分方法举例见表 1-3。

表 1-3 VLAN 划分方法举例

划分 VLAN 的方法	VLAN 5	VLAN 10
基于端口	G0/0/1, G0/0/7	G0/0/2 G0/0/9
基于 MAC 地址	00-01-02-03-04-AA 00-01-02-03-04-CC	00-01-02-03-04-BB 00-01-02-03-04-DD
基于 IP 子网	10.0.1.0/24	10.0.2.0/24
基于协议	IP	IPX
基于策略	G0/0/1+00-01-02-03-04-AA （交换机端口号 +MAC）	G0/0/2+00-01-02-03-04-BB （交换机端口号 +MAC）

5. 交换机端口的分类

华为交换机端口主要有 3 种——Access（接入）端口、Trunk（干道）端口和 Hybrid（混合）端口，即 3 种端口工作模式。

1）Access 端口

Access 端口用于连接计算机等终端设备，只能属于一个 VLAN，也就是只能传输一个 VLAN 的数据。

Access 端口收到入站数据帧后，会判断这个数据帧是否携带 VLAN 标签。若不携带，则为数据帧插入本端口的 PV ID 并进行下一步处理；若携带，则判断数据帧的 VLAN ID 是否与本端口的 PV ID 相同，相同则进行下一步处理，不同则丢弃。

Access 端口在发送出站数据帧之前，会判断这个要被转发的数据帧中携带的 VLAN ID 是否与出站端口的 PV ID 相同，相同则去掉 VAN 标签进行转发；不同则丢弃。

2）Trunk 端口

Trunk 端口用于连接交换机等网络设备，它允许传输多个 VLAN 的数据。

Trunk 端口收到入站数据帧后，会判断这个数据帧是否携带 VLAN 标签。若不携带，则为数据帧插入本端口的 PV ID 并进行下一步处理；若携带，则判断本端口是否允许传输这个数据帧的 VLAN ID，允许则进行下一步处理，否则丢弃。

Trunk 端口在发送出站数据帧之前，会判断这个要被转发的数据帧中携带的 VLAN ID 是否与出站端口的 PV ID 相同，若相同则去掉 VLAN 标签进行转发；若不同则判断本端口是否允许传输这个数据帧的 VLAN ID，允许则转发（保留原标签），否则丢弃。

3）Hybrid 端口

Hybrid 端口是华为系列交换机端口的默认工作模式，它能够接收和发送多个 VLAN 的数据帧，可以用于链接交换机之间的链路，也可以用于连接终端设备。

Hybrid 接口和 Trunk 接口在接收入站数据时，处理方法是相同的。但在发送出站数据时，端口会首先判断该帧的 VLAN ID 是否允许通过，如果不允许则丢弃，否则默认按原有数据帧格式进行转发。同时，它还支持带 VLAN 标签或不携带 VLAN 标签的方式发送指定 VLAN 的数据（通过【port hybrid tagged vlan】和【port hybrid untagged vlan】命令进行配置）。

因此，Hybrid 接口兼具 Access 接口和 Trunk 接口的特征，在实际应用中，可以根据端接口工作模式自动适配工作。

1.3 STP 的工作原理

生成树协议是一个用于在局域网中消除环路的协议。运行该协议的交换机通过彼此交互信息而发现网络中的环路，并适当地对某些端口进行阻塞以消除环路。

在一个具有物理环路的交换网络中，交换机通过运行 STP（Spanning Tree Protocol，生成树协议），自动生成一个没有环路的逻辑拓扑。该无环逻辑拓扑也称为 STP 树，树节点为某些特定的交换机，树枝为某些特定的链路。一棵 STP 树包含了唯一的一个根节点，任何一个节点到根节点的工作路径不但是唯一的，而且是最优的。当网络拓扑发生变化时，STP 树也会自动地发生相应的改变。

简而言之，有环的物理拓扑提高了网络连接的可靠性，而无环的逻辑拓扑避免了广播风暴、MAC 地址表翻摆、多帧复制，这就是 STP 的精髓。

1. 生成树的生成过程

STP 树的生成过程主要分为 4 步。

（1）选举根桥（Root Bridge），作为整个网络的根。

（2）确定根端口（Root Port，RP），确定非根交换机与根交换机连接最优的端口。

（3）确定指定端口（Designated Port，DP），确定每条链路与根桥连接最优的端口。

（4）阻塞备用端口（Alternate Port，AP），形成一个无环网络。

2. STP 端口的状态

STP 不仅定义了 3 种端口角色（根端口、指定端口、备用端口），还将端口的状态分为 5 种（禁用状态、阻塞状态、侦听状态、学习状态、转发状态）。这些状态的迁移用于防止网络 STP 收敛过程中可能存在的临时环路。

接下来介绍 STP 在工作时端口状态的变化，表 1-4 给出了这 5 种端口状态的简单说明。

表 1-4　STP 端口状态说明

端口状态	说明
禁用（Disabled）	禁用状态的端口无法接收和发出任何帧，端口处于关闭（Down）状态
阻塞（Blocking）	阻塞状态的端口只能接收 STP 协议帧，不能发送 STP 协议帧，也不能转发用户数据帧
侦听（Listening）	侦听状态的端口可以接收并发送 STP 协议帧，但不能进行 MAC 地址学习，也不能转发用户数据帧
学习（Learning）	学习状态的端口可以接收并发送 STP 协议帧，也可以进行 MAC 地址学习，但不能转发用户数据帧
转发（Forwarding）	转发状态的端口可以接收并发送 STP 协议帧，也可以进行 MAC 地址学习，同时能够转发用户数据帧

（1）STP 交换机的端口在初始启动时，首先会从 Disabled 状态进入到 Blocking 状态。在 Blocking 状态，端口只能接收和分析 BPDU（网桥协议数据单元），但不能发送 BPDU。

（2）如果端口被选为根端口或指定端口，则会进入 Listening 状态，此时端口接收并发送 BPDU，这种状态会持续一个转发延迟的时间长度，默认为 15s。

（3）如果没有因"意外情况"而回到 Blocking 状态，则该端口会进入 Learning 状态，并在此状态持续一个转发延迟的时间长度。处于 Learning 状态的端口可以接收和发送 BPDU，同时开始构建 MAC 地址表，为转发用户数据帧做好准备。处于 Learning 状态的端口仍然不能开始转发用户数据帧，因为此时网络中可能还存在因 STP 树的计算过程不同步而产生的临时环路。

（4）端口由 Learning 状态进入 Forwarding 状态，开始用户数据帧的转发工作。

在整个状态的迁移过程中，端口一旦被关闭或发生了链路故障，就会进入 Disable 状态；在端口状态的迁移过程中，如果端口的角色被判定为非根端口或非指定端口，则其端口状态就会立即退回到 Blocking 状态。端口状态的迁移过程如图 1-6 所示。

3. RSTP 的端口状态

在 STP 中定义了 5 种端口状态：禁用、阻塞、侦听、学习、转发。在 RSTP 中则简化了端口状态，将 STP 的禁用、阻塞及侦听状态简化为丢弃（Discarding），学习和转发状态则保留了下来。如果端口不转发用户流量也不学习 MAC 地址，那么端口状态就是 Discarding

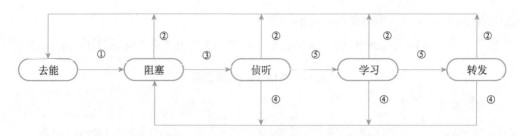

①—端口初始化或使能；
②—端口被选为根端口或指定端口；
③—端口禁用或链路失效；
④—端口不再是根端口或指定端口；
⑤—Forward Delay Tmier超时

图 1-6　端口状态的迁移过程

状态。如果端口不转发用户流量但是学习 MAC 地址，那么端口状态就是 Learning 状态。如果端口既转发用户流量又学习 MAC 地址，那么端口状态就是 Forwarding 状态。

4. 边缘端口

运行了 STP 的交换机，其端口在初始启动之后，首先会进入阻塞状态，如果该端口被选举为根端口或指定端口，那么它还需经历侦听及学习状态，最终才能进入转发状态。也就是说，一个端口从初始启动到进入转发状态至少需要耗费约 30s 的时间。对于交换机上连接到交换网络的端口而言，经历上述过程是必要的，毕竟该端口存在产生环路的风险。然而有些端口引发环路的风险是非常低的，例如交换机连接终端设备（PC 或服务器等）的端口，如果这些端口启动之后依然要经历上述过程就太低效了，而且用户希望 PC 接入交换机后能立即连接到网络，而不是还需要等待一段时间。

在 RSTP 中，可以将交换机的端口配置为边缘端口（Edge Port）来解决上述问题。边缘端口默认不参与生成树计算，当边缘端口被激活之后，它可以立即切换到转发状态并开始收发业务流量，而不用经历转发延迟时间，因此工作效率大大提升了。另外，边缘端口的关闭或激活并不会触发 RSTP 拓扑变更。在实际项目中，通常会把用于连接终端设备的端口配置为边缘端口。如图 1-7 所示，交换机 SW2 的 GE0/0/1、GE0/0/2 及 GE0/0/3 均可被配置为边缘端口。

1.4　链路聚合的概念

1. 链路聚合概述

在企业网三层设计方案的拓扑结构中，接入层交换机的端口是占用率最高的，因为接入层交换机需要为大量的终端设备提供连接，并且将大多数往返于这些终端的流量转发给

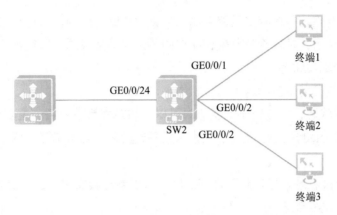

图 1-7　RSTP 边缘端口

汇聚层交换机，这意味着接入层交换机和汇聚层交换机之间的链路需要承载着更大的流量。所以，接入层交换机与汇聚层交换机之间的链路应该拥有更高的速率。

在汇聚层或核心层，如果希望扩展设备之间的链路带宽，那么也面临着类似的问题。如果采用高速率端口，就会提高设备成本，而且扩展性差；采用多条平行链路连接两台路由设备的做法虽然不会因为受到 STP 的影响而导致只有一条链路可用，但管理员却必须在每条链路上为两端的端口分别分配 1 个 IP 地址，这样势必会增加 IP 地址资源的耗费，IP 网络的复杂性也会因此增加，如图 1-8 所示。

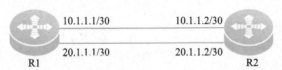

图 1-8　三层环境中双链路增加 IP 地址资源的耗费

通过上面的描述，可以得出这样的结论：无论在接入层、汇聚层还是核心层，链路聚合这种捆绑技术可以将多个以太网链路捆绑为一条逻辑的以太网链路。因此，在采用通过多条以太网链路连接两台设备的链路聚合设计方案时，所有链路的带宽都可以充分用来转发两台设备之间的流量，如果使用三层链路连接两台设备，这种方案可以起到节省 IP 地址的作用。

2. 链路聚合的基本概念

1）聚合组

聚合组是一组以太网接口的集合。聚合组是随着聚合接口的创建自动生成的，其编号与聚合接口编号相同。

根据加入聚合组中的以太网接口的类型，聚合组可以分为以下两类。

（1）二层聚合组，是随着二层聚合端口的创建自动生成的，只包含二层以太网端口。

（2）三层聚合组，是随着三层聚合端口的创建自动生成的，只包含三层以太网端口。

2）聚合成员端口状态

聚合组中的成员端口包含以下两种状态。

（1）Selected 状态，接口处于此状态时可以参与转发用户业务流量。聚合端口的速率、双工状态由其 Selected 成员端口决定，速率是各成员端口的速率和，双工状态与成员端口的双工状态一致。

（2）Unselected 状态，接口处于此状态时不可以参与转发用户业务流量。

3）链路聚合的实现方式

目前，华为设备的不同系列产品和系统版本对应的配置命令也有所不同。链路聚合可以通过以下三种方式实现。

（1）Link-Aggregation group 聚合组，主要用于交换机上的以太网链路聚合。

（2）IP-Trunk 组，主要用于带 POS 接口的路由器、交换机、BAS 的链路聚合。

（3）Eth-Trunk 组，主要用于交换机、路由器、BAS 的以太网接口聚合。

项目实践

任务 1-1　创建虚拟局域网

1. 任务规划

在所有交换机上为各部门创建 VLAN，实现局域网隔离。

2. 任务实施

1）SW1

在交换机 SW1 上修改设备命名，根据 VLAN 规划表创建相应 VLAN，并为各 VLAN 添加描述信息。

```
<Huawei>system-view              // 进入系统视图
[Huawei]sysname SW1              // 修改设备命名为"SW1"
```

```
[SW1]vlan 10                    // 创建VLAN，编号为"10"
[SW1-vlan10]description vnet10                // 对VLAN进行描述
[SW1-vlan10]quit                // 退出
[SW1]vlan 20
[SW1-vlan20]description vnet20
[SW1-vlan20]quit
[SW1]vlan 30
[SW1-vlan30]description x86
[SW1-vlan30]quit
[SW1]vlan 40
[SW1-vlan40]description net_mgmt
[SW1-vlan40]quit
[SW1]vlan 50
[SW1-vlan50]description to_internet
[SW1-vlan50]quit
[SW1]vlan 60
[SW1-vlan60]description storage
[SW1-vlan60]quit
[SW1]vlan 70
[SW1-vlan70]description storage_service
[SW1-vlan70]quit
[SW1]vlan 100
[SW1-vlan100]description switch_mgmt
[SW1-vlan100]quit
```

2）SW2

修改设备命名，根据VLAN规划表创建相应VLAN，并为各VLAN添加描述信息。

```
<Huawei>system-view
[Huawei]sysname SW2
[SW2]vlan 10
[SW2-vlan10]description vnet10
[SW2-vlan10]quit
[SW2]vlan 20
[SW2-vlan20]description vnet20
[SW2-vlan20]quit
[SW2]vlan 30
```

```
[SW2-vlan30]description x86
[SW2-vlan30]quit
[SW2]vlan 60
[SW2-vlan60]description storage
[SW2-vlan60]quit
[SW2]vlan 70
[SW2-vlan70]description storage_service
[SW2-vlan70]quit
[SW2]vlan 100
[SW2-vlan100]description switch_mgmt
[SW2-vlan100]quit
```

3）SW3

修改设备命名，根据 VLAN 规划表创建相应 VLAN，并为各 VLAN 添加描述信息。

```
<Huawei>system-view
[Huawei]sysname SW3
[SW3]vlan 10
[SW3-vlan10]description vnet10
[SW3-vlan10]quit
[SW3]vlan 20
[SW3-vlan20]description vnet20
[SW3-vlan20]quit
[SW3]vlan 30
[SW3-vlan30]description x86
[SW3-vlan30]quit
[SW3]vlan 60
[SW3-vlan60]description storage
[SW3-vlan60]quit
[SW3]vlan 70
[SW3-vlan70]description storage_service
[SW3-vlan70]quit
[SW3]vlan 100
[SW3-vlan100]description switch_mgmt
[SW3-vlan100]quit
```

4）SW4

修改设备命名，根据 VLAN 规划表创建相应 VLAN，并为各 VLAN 添加描述信息。

```
<SW4>system-view
[SW4]sysname SW4
[SW4]vlan 40
[SW4-vlan40]description net_mgmt
[SW4-vlan40]quit
[SW4]vlan 100
[SW4-vlan100]description switch_mgmt
[SW4-vlan100]quit
[SW4]
```

3. 任务验证

在各交换机上使用【display vlan】命令查看 VLAN 信息。以 SW1 为例，可以看到创建了 VLAN10、20、30 等 VLAN，表示各部门 VLAN 已经成功创建。

```
[SW1]display vlan
The total number of vlans is : 8
--------------------------------------------------------------------------
U: Up;            D: Down;           TG: Tagged;           UT: Untagged;
MP: Vlan-mapping;                    ST: Vlan-stacking;
#: ProtocolTransparent-vlan;         *: Management-vlan;
--------------------------------------------------------------------------
VID  Type    Ports
--------------------------------------------------------------------------
1    common  UT:GE0/0/1(U)    GE0/0/2(U)     GE0/0/3(U)     GE0/0/4(U)
             GE0/0/5(U)       GE0/0/6(D)     GE0/0/7(D)     GE0/0/8(D)
             GE0/0/9(D)       GE0/0/10(D)    GE0/0/11(D)    GE0/0/12(D)
             GE0/0/13(D)      GE0/0/14(D)    GE0/0/15(D)    GE0/0/16(D)
             GE0/0/17(D)      GE0/0/18(D)    GE0/0/19(D)    GE0/0/20(D)
             GE0/0/21(D)      GE0/0/22(D)    GE0/0/23(D)    GE0/0/24(U)
10   common
20   common
30   common
```

```
40    common
50    common
60    common
70    common
100   common

VID   Status   Property    MAC-LRN  Statistics  Description
--------------------------------------------------------------
1     enable   default     enable   disable     VLAN 0001
10    enable   default     enable   disable     vnet10
20    enable   default     enable   disable     vnet20
30    enable   default     enable   disable     x86
40    enable   default     enable   disable     net_mgmt
50    enable   default     enable   disable     to_internet
60    enable   default     enable   disable     storage
70    enable   default     enable   disable     storage_service
100   enable   default     enable   disable     switch_mgmt
```

任务 1-2　配置链路聚合

1. 任务规划

云数据中心接入交换机与核心交换机均通过两条链路互联，配置 Eth-Trunk 链路聚合以提高带宽。

2. 任务实施

1）SW1

创建端口聚合组 1，并将端口 GE0/0/1、GE0/0/2 加入聚合组 1；创建端口聚合组 2，并将端口 GE00/3、GE0/0/4 加入端口聚合组 2。

```
[SW1]interface Eth-Trunk 1          // 创建 Eth-Trunk 链路聚合组，编号为 "1"
[SW1-Eth-Trunk1]quit
[SW1]interface gi0/0/1              进入 GE0/0/1 接口
[SW1-GigabitEthernet0/0/1] Eth-Trunk 1       // 将当前接口加入 Eth-Trunk 1
```

```
[SW1-GigabitEthernet0/0/1]quit
[SW1]interface gi0/0/2
[SW1-GigabitEthernet0/0/2]et
[SW1-GigabitEthernet0/0/2]eth-trunk 1
[SW1-GigabitEthernet0/0/2]quit
[SW1]interface Eth-Trunk 2
[SW1-Eth-Trunk2]quit
[SW1]interface gi0/0/3
[SW1-GigabitEthernet0/0/3]eth-trunk 2
[SW1-GigabitEthernet0/0/3]quit
[SW1]interface gi0/0/4
[SW1-GigabitEthernet0/0/4]eth-trunk 2
[SW1-GigabitEthernet0/0/4]quit
```

2）SW2

创建端口聚合组1，并将端口GE0/0/23、GE0/0/24加入聚合组1；创建端口聚合组2，并将端口GE00/21、GE0/0/22加入端口聚合组2。

```
[SW2]interface Eth-Trunk 1
[SW2-Eth-Trunk1]quit
[SW2]interface gi0/0/23
[SW2-GigabitEthernet0/0/23]eth-trunk 1
[SW2-GigabitEthernet0/0/23]quit
[SW2]interface gi0/0/24
[SW2-GigabitEthernet0/0/24]eth-trunk 1
[SW2-GigabitEthernet0/0/24]quit
[SW2]interface Eth-Trunk 2
[SW2-Eth-Trunk2]quit
[SW2]interface gi0/0/21
[SW2-GigabitEthernet0/0/21]eth-trunk 2
[SW2-GigabitEthernet0/0/21]quit
[SW2]interface gi0/0/22
[SW2-GigabitEthernet0/0/22]eth-trunk 2
[SW2-GigabitEthernet0/0/22]quit
```

3）SW3

创建端口聚合组1，并将端口GE0/0/23、GE0/0/24加入聚合组1；创建端口聚合组2，并将端口 GE00/21、GE0/0/22 加入端口聚合组 2。

```
[SW3]interface Eth-Trunk 1
[SW3-Eth-Trunk1]quit
[SW3]interface gi0/0/23
[SW3-GigabitEthernet0/0/23]eth-trunk 1
[SW3-GigabitEthernet0/0/23]quit
[SW3]interface gi0/0/24
[SW3-GigabitEthernet0/0/24]eth-trunk 1
[SW3-GigabitEthernet0/0/24]quit
[SW3]interface Eth-Trunk 2
[SW3-Eth-Trunk2]quit
[SW3]interface gi0/0/21
[SW3-GigabitEthernet0/0/21]eth-trunk 2
[SW3-GigabitEthernet0/0/21]quit
[SW3]interface gi0/0/22
[SW3-GigabitEthernet0/0/22]eth-trunk 2
[SW3-GigabitEthernet0/0/22]quit
```

3. 任务验证

在各交换机上使用【display eth-trunk】命令查看链路聚合信息。以交换机 SW1 为例，可以看到 Eth-Trunk 1 端口聚合组中添加了 GE0/0/1 和 GE0/0/2 两个端口，Eth-Trunk 2 端口聚合组中添加了 GE0/0/3 和 GE0/0/3 两个端口，表示端口聚合组创建成功。

```
[SW1]display  Eth-Trunk
Eth-Trunk1's state information is:
WorkingMode: NORMAL         Hash arithmetic: According to SIP-XOR-DIP
Least Active-linknumber: 1  Max Bandwidth-affected-linknumber: 8
Operate status: up          Number Of Up Port In Trunk: 2
--------------------------------------------------------------------
PortName                    Status         Weight
GigabitEthernet0/0/1        Up             1
GigabitEthernet0/0/2        Up             1

Eth-Trunk2's state information is:
WorkingMode: NORMAL         Hash arithmetic: According to SIP-XOR-DIP
```

项目1 数据中心接入网络部署

```
Least Active-linknumber: 1   Max Bandwidth-affected-linknumber: 8
Operate status: up           Number Of Up Port In Trunk: 2
--------------------------------------------------------------------
PortName                     Status        Weight
GigabitEthernet0/0/3         Up            1
GigabitEthernet0/0/4         Up            1
```

任务 1-3 配置交换机端口模式

1. 任务规划

在所有交换机上配置互联端口模式为 Trunk，连接网络运维服务器、数据中心出口网络的端口模式为 Access，实现 VLAN 跨交换机互通。同时，为了实现后期计算节点上创建的虚拟交换机与物理交换机的 VLAN 互通，接入交换机连接计算节点的端口需要配置为 Trunk 模式并开通虚拟交换机对应的 VLAN。

2. 任务实施

1）SW1

将连接交换机 SW4 的 GE0/0/5 端口配置为 Trunk 模式，并允许 VLAN 40、100 通过；连接交换机 SW2 的 Eth-Trunk 1 和 SW3 的 Eth-Trunk 2 的端口配置为 Trunk 模式，允许 VLAN10、20、30、60、70、100 通过，连接路由器 R1 的 GE0/0/24 端口配置为 Access 模式，配置端口默认 VLAN 为 50。

```
[SW1]int gi0/0/5
[SW1-GigabitEthernet0/0/5]port link-type trunk       //配置端口模式为 Trunk
[SW1-GigabitEthernet0/0/5]port trunk allow-pass vlan 40 100      //配置
Trunk 允许通过的 VLAN 为 40、100
[SW1-GigabitEthernet0/0/5]quit
[SW1]int eth-trunk 1
[SW1-Eth-Trunk1]port link-type trunk
[SW1-Eth-Trunk1]port trunk allow-pass vlan 10 20 30 60 70 100
[SW1-Eth-Trunk1]quit
[SW1]int eth-trunk 2
```

```
[SW1-Eth-Trunk2]port link-type trunk
[SW1-Eth-Trunk2]port trunk allow-pass vlan 10 20 30 60 70 100
[SW1-Eth-Trunk2]quit
[SW1]int gi0/0/24
[SW1-GigabitEthernet0/0/24]port link-type access    // 配置端口模式为 Access
[SW1-GigabitEthernet0/0/24]port default vlan 50     // 配置端口默认 VLAN 为 50
[SW1-GigabitEthernet0/0/24]quit
```

2）SW2

连接交换机 SW1 的 Eth-Trunk 1 和 SW3 的 Eth-Trunk 2 的端口配置为 Trunk 模式，允许 VLAN10、20、30、60、70、100 通过，GE0/0/1、GE0/0/2 端口需要与计算节点的虚拟交换机通信，端口模式配置为 Trunk 并允许虚拟交换机的 VLAN10、20 通过。GE0/0/3 和 GE0/0/4 为连接存储节点的端口，配置端口模式为 Access，默认 VLAN 分别为存储节点的业务 VLAN 和管理 VLAN。GE0/0/5、GE0/0/6 为连接存储节点的管理端口，端口默认为 access 模式，默认 VLAN 为计算节点的管理 VLAN。

连接路由器 R1 的 GE0/0/24 端口配置为 Access 模式，配置端口默认 VLAN 为 50。

```
[SW2]int eth-trunk 1
[SW2-Eth-Trunk1]port link-type trunk
[SW2-Eth-Trunk1]port trunk allow-pass vlan 10 20 30 60 70 100
[SW2-Eth-Trunk1]quit
[SW2]int eth-trunk 2
[SW2-Eth-Trunk2]port link-type trunk
[SW2-Eth-Trunk2]port trunk allow-pass vlan 10 20 30 60 70 100
[SW2-Eth-Trunk2]quit
[SW2]int gi0/0/1
[SW2-GigabitEthernet0/0/1]port link-type trunk
[SW2-GigabitEthernet0/0/1]port trunk allow-pass vlan 10 20
[SW2-GigabitEthernet0/0/1]quit
[SW2]int gi0/0/2
[SW2-GigabitEthernet0/0/2]port link-type trunk
[SW2-GigabitEthernet0/0/2]port trunk allow-pass vlan 10 20
[SW2-GigabitEthernet0/0/2]quit
[SW2]int gi0/0/3
[SW2-GigabitEthernet0/0/3]port link-type access
[SW2-GigabitEthernet0/0/3]port default vlan 60
```

```
[SW2-GigabitEthernet0/0/3]quit
[SW2]int gi0/0/4
[SW2-GigabitEthernet0/0/4]port link-type access
[SW2-GigabitEthernet0/0/4]port default vlan 70
[SW2-GigabitEthernet0/0/4]quit
[SW2]int gi0/0/5
[SW2-GigabitEthernet0/0/5]port link-type access
[SW2-GigabitEthernet0/0/5]port default vlan 30
[SW2-GigabitEthernet0/0/5]quit
[SW2]int gi0/0/6
[SW2-GigabitEthernet0/0/6]port link-type access
[SW2-GigabitEthernet0/0/6]port default vlan 30
[SW2-GigabitEthernet0/0/6]quit
```

3）SW3

连接交换机 SW1 的 Eth-Trunk 1 和 SW3 的 Eth-Trunk 2 的端口配置为 Trunk 模式，允许 VLAN10、20、30、60、70、100 通过；GE0/0/1、GE0/0/2 端口需要与计算节点的虚拟交换机通信，端口模式配置为 Trunk 并允许虚拟交换机的 VLAN10、20 通过。GE0/0/3 和 GE0/0/4 为连接存储节点的端口，配置端口模式为 Access，默认 VLAN 分别为存储节点的业务 VLAN 和管理 VLAN。GE0/0/5、GE0/0/6 为连接存储节点的管理端口，端口默认为 access 模式，默认 VLAN 为计算节点的管理 VLAN。

```
[SW3]int eth-trunk 1
[SW3-Eth-Trunk1]port link-type trunk
[SW3-Eth-Trunk1]port trunk allow-pass vlan 10 20 30 60 70 100
[SW3-Eth-Trunk1]quit
[SW3]int eth-trunk 2
[SW3-Eth-Trunk2]port link-type trunk
[SW3-Eth-Trunk2]port trunk allow-pass vlan 10 20 30 60 70 100
[SW3-Eth-Trunk2]quit
[SW3]int gi0/0/1
[SW3-GigabitEthernet0/0/1]port link-type trunk
[SW3-GigabitEthernet0/0/1]port trunk allow-pass vlan 10 20
[SW3-GigabitEthernet0/0/1]quit
[SW3]int gi0/0/2
[SW3-GigabitEthernet0/0/2]port link-type trunk
```

```
[SW3-GigabitEthernet0/0/2]port trunk allow-pass vlan 10 20
[SW3-GigabitEthernet0/0/2]quit
[SW3]int gi0/0/3
[SW3-GigabitEthernet0/0/3]port link-type access
[SW3-GigabitEthernet0/0/3]port default vlan 60
[SW3-GigabitEthernet0/0/3]quit
[SW3]int gi0/0/4
[SW3-GigabitEthernet0/0/4]port link-type access
[SW3-GigabitEthernet0/0/4]port default vlan 70
[SW3-GigabitEthernet0/0/4]quit
[SW3]int gi0/0/5
[SW3-GigabitEthernet0/0/5]port link-type access
[SW3-GigabitEthernet0/0/5]port default vlan 30
[SW3-GigabitEthernet0/0/5]quit
[SW3]int gi0/0/6
[SW3-GigabitEthernet0/0/6]port link-type access
[SW3-GigabitEthernet0/0/6]port default vlan 30
[SW3-GigabitEthernet0/0/6]quit
```

4）SW4

将连接交换机 SW1 的 GE0/0/24 端口配置为 Trunk 模式，并允许 VLAN 40、100 通过；GE0/0/1、GE0/0/11 端口连接网络运维部的服务器和计算机，配置端口模式为 Access，默认 VLAN 为网络运维部的 VLAN。

```
[SW4]int gi0/0/24
[SW4-GigabitEthernet0/0/24]port link-type trunk
[SW4-GigabitEthernet0/0/24]port trunk allow-pass vlan 40 100
[SW4-GigabitEthernet0/0/24]quit
[SW4]int gi0/0/1
[SW4-GigabitEthernet0/0/1]port link-type access
[SW4-GigabitEthernet0/0/1]port default vlan 40
[SW4-GigabitEthernet0/0/1]quit
[SW4]int gi0/0/11
[SW4-GigabitEthernet0/0/11]port link-type access
[SW4-GigabitEthernet0/0/11]port default vlan 40
[SW4-GigabitEthernet0/0/11]quit
```

3. 任务验证

在各交换机上使用【display port vlan】命令查看端口的 VLAN 信息；以 SW1 为例，可以看到 Eth-Trunk 1、Eth-Trunk 2 和 GE0/0/5 的端口模式为 trunk，并开通了相应 VLAN；GE0/0/24 端口模式为 Access，默认 VLAN 为 50，说明配置已经生效。

```
<SW1>display port vlan
Port                        Link Type    PV-ID  Trunk VLAN List
-------------------------------------------------------------------
Eth-Trunk1                  trunk        1      1 10 20 30 60 70 100
Eth-Trunk2                  trunk        1      1 10 20 30 60 70 100
GigabitEthernet0/0/1        desirable    0      -
GigabitEthernet0/0/2        desirable    0      -
GigabitEthernet0/0/3        desirable    0      -
GigabitEthernet0/0/4        desirable    0      -
GigabitEthernet0/0/5        trunk        1      1 40 100
GigabitEthernet0/0/6        desirable    0      -
省略部分内容……
GigabitEthernet0/0/23       desirable    1      1-4094
GigabitEthernet0/0/24       access       50     -
```

任务 1-4　配置生成树

1. 任务规划

在交换机上配置快速生成树防止环路，同时将连接 PC 的端口配置为边缘端口。

2. 任务实施

1）SW1

启用生成树并配置生成树模式为快速生成树，配置当前交换机为生成树根桥。

```
[SW1]stp enable              // 启用生成树
[SW1]stp mode rstp           // 配置生成树模式为快速生成树
[SW1]stp root primary        // 配置当前交换机为生成树根桥
```

2）SW2

启用生成树并配置生成树模式为快速生成树。

```
[SW2]stp enable
[SW2]stp mode rstp
```

3）SW3

启用生成树并配置生成树模式为快速生成树。

```
[SW3]stp enable
[SW3]stp mode rstp
```

4）SW4：

启用生成树并配置生成树模式为快速生成树，将连接服务器与计算机的端口模式设置为边缘端口。

```
[SW4]stp enable
[SW4]stp mode rstp
[SW4]int gi0/0/1
[SW4-GigabitEthernet0/0/1]stp edged-port enable    // 设置当前端口为边缘端口
[SW4-GigabitEthernet0/0/1]quit
[SW4]int gi0/0/11
[SW4-GigabitEthernet0/0/11]stp edged-port enable
[SW4-GigabitEthernet0/0/11]quit
[SW4]
```

3. 任务验证

在交换机上使用【display stp brief】命令查看生成树端口状态。以 SW3 为例，可以看到 Eth-Trunk 2 的状态为 DISCARDING，说明生成树已经计算完成，通过阻塞 Eth-Trunk2 端口来防止交换机之间环路。

```
[SW3]dis stp brief
MSTID    Port                    Role    STP State    Protection
  0      GigabitEthernet0/0/1    DESI    FORWARDING   NONE
  0      GigabitEthernet0/0/2    DESI    FORWARDING   NONE
  0      GigabitEthernet0/0/3    DESI    FORWARDING   NONE
  0      GigabitEthernet0/0/4    DESI    FORWARDING   NONE
  0      Eth-Trunk1              ROOT    FORWARDING   NONE
  0      Eth-Trunk2              ALTE    DISCARDING   NONE
```

一、单选题

1. 关于STP，下列描述正确的是（　　）。

   A.STP树的收敛过程通常需要几十分钟

   B.STP树的收敛过程通常需要几十秒钟

   C.STP树的收敛过程通常需要几秒钟

2. RSTP定义了（　　）种端口状态。

   A.2　　　　　　B.3　　　　　　C.4　　　　　　D.5

3. 以下（　　）属于华为的链路聚合。

   A.Aggregate-port　　B.Eth-trunk　　C.Port-Group　　D.Group-Port

4. 下列的端口状态中，（　　）端口状态不是RSTP具有的。

   A.Learning　　B.Forwarding　　C.Blocking　　D.Discarding

5. 下列的端口中，（　　）不是STP的端口。

   A. 根端口　　B. 指定端口　　C. 备用端口　　D. 替代端口

二、多选题

1. 下列关于VLAN的描述中，错误的是（　　）。

   A. VLAN技术可以将一个规模较大的冲突域隔离成若干个规模较小的冲突域

   B. VLAN技术可以将一个规模较大的二层广播域隔离成若干个规模较小的二层广播域

   C. 位于不同VLAN中的计算机之间无法进行通信

   D. 位于同一VLAN中的计算机之间可以进行二层通信

2. 关于STP，下列描述正确的是（　　）。

A. 根桥上不存在指定端口

B. 根桥上不存在根端口

C. 一个非根桥上可能存在一个根端口和多个指定端口

D. 一个非根桥上可能存在多个根端口和一个指定端口

3. RSTP 定义了（   ）端口角色。

　　A. 根端口　　　B. 指定端口　　　C. 备份端口　　　D. 预备端口　　　E. 边缘端口

4. 有关链路聚合的优势有（   ）。

　　A. 提高连接的带宽

　　B. 防止链路上出现环路

　　C. 为连接动态地提供备用链路

　　D. 提升了连接的可扩展性且降低了成本

5. 以下关于链路聚合的相关配置命令，描述错误的是（   ）。

　　A.【interface eth-trunk 10】命令，用来创建并进入 Eth-Trunk 端口，指定 Eth-Trunk 端口的编号为 10。

　　B.【trunkport GigabitEthernet 0/0/1 to 0/0/3】命令，用来把接口 GE0/0/1 和 GE0/0/3 作为成员端口添加到 Eth-Trunk 中。

　　C.【port link-type trunk】命令是设置端口的链路类型为 Trunk。

　　D.【port trunk allow-pass vlan all】命令是允许这个 Trunk 链路能够发送所有 VLAN 流量。

项目 2

数据中心核心网络部署

学习目标

（1）掌握 VLAN 间路由的概念、三层交换机的工作原理与配置。
（2）掌握 ACL 的基本原理，能在交换机上配置 ACL，实现流量过滤。
（3）掌握 AAA 认证的基本概念，能在交换机上配置远程管理，实现远程管理交换机。

项目描述

Jan16 公司的云数据中心已完成交换网络搭建，现需要在核心网络中完成 IP 及路由的配置，实现网络互联互通，并通过配置 ACL 及 AAA，实现访问控制和远程管理等功能。具体要求如下：

（1）云数据中心服务器和网络运维部的网关均配置在数据中心核心交换机上。
（2）出于数据安全考虑，要求存储节点仅允许运维服务器远程管理。
（3）在所有网络设备上开启远程管理功能。
（4）根据业务 IP 规划，进一步完成网络互联规划。

公司网络拓扑图和设备 IP 如图 2-1 所示。

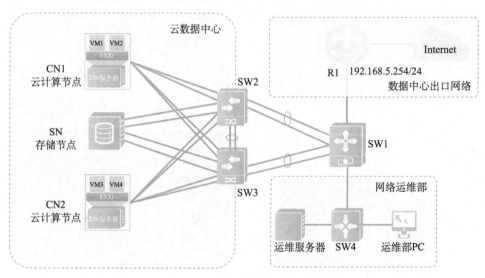

图 2-1　公司网络拓扑图和设备 IP

本项目需要根据公司的业务 IP 规划，完成网络互联的规划，要求如下。

（1）云数据中心和网络运维部的网关均配置在核心交换机上。
（2）出于数据安全考虑，存储节点 SN 仅允许运维服务器 SRV1 远程管理。

项目2 数据中心核心网络部署

（3）在所有网络设备上开启远程管理功能，以便在云数据中心网络运维时实现自动化管理。

根据项目描述，公司网络需要在核心交换机上为各部门的 VLAN 配置 IP 地址作为网关；为实现存储节点仅允许运维服务器访问，需要配置访问控制列表；在所有设备上开启远程管理功能，方便后期设备维护。

因此，本项目可以通过以下工作任务来完成。

（1）配置 IP 及路由，实现跨部门网络通信。

（2）配置访问控制列表，存储节点仅允许运维服务器访问。

（3）配置设备远程管理功能，方便后期设备维护。

项目拓扑

根据项目任务分析，优化后的公司网络拓扑如图 2-2 所示。

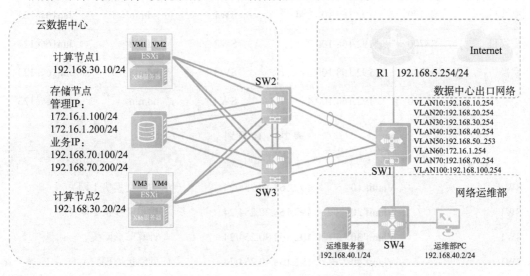

图 2-2 优化后的公司网络拓扑图

项目规划

根据以上拓扑图进行项目的业务规划，相应的 VLAN 规划、设备管理规划、IP 规划分别见表 2-1 至表 2-3。

表 2-1 VLAN 规划

VLAN-ID	VLAN 命名	网段	用途
VLAN 10	vnet10	192.168.10.0/24	虚拟交换机 1
VLAN 20	vnet20	192.168.20.0/24	虚拟交换机 2
VLAN 30	x86	192.168.30.0/24	计算节点管理 IP
VLAN 40	net_mgmt	192.168.40.0/24	网络运维部
VLAN 50	to_internet	192.168.50.0/24	数据中心出口
VLAN 60	storage	172.16.1.0/24	存储节点管理 IP
VLAN 70	storage_service	192.168.70.0/24	存储节点业务 IP
VLAN 100	switch_mgmt	192.168.100.0/24	交换机管理

表 2-2 设备管理规划

设备类型	型号	管理 IP	设备命名	管理账号	管理密码
交换机	S5700	192.168.100.254	SW1	admin	Jan16@123
交换机	S5700	192.168.100.2	SW2	admin	Jan16@123
交换机	S5700	192.168.100.3	SW3	admin	Jan16@123
交换机	S5700	192.168.100.4	SW4	admin	Jan16@123

表 2-3 IP 规划

设备命名	接口	IP 地址	用途
SW1	Vlanif 10	192.168.10.254/24	虚拟交换机 1 网关
SW1	Vlanif 20	192.168.20.254/24	虚拟交换机 2 网关
SW1	Vlanif 30	192.168.30.254/24	计算节点网关
SW1	Vlanif 40	192.168.40.254/24	网络运维部网关
SW1	Vlanif 50	192.168.50.253/24	连接数据中心出口
SW1	Vlanif 60	172.16.1.254/24	存储节点管理网关
SW1	Vlanif 70	192.168.70.254/24	存储节点业务网关
SW1	Vlanif 100	192.168.100.254/24	交换机管理网段网关

续表

设备命名	接口	IP 地址	用途
SW2	Vlanif 100	192.168.100.2/24	交换机管理地址
SW3	Vlanif 100	192.168.100.3/24	交换机管理地址
SW4	Vlanif 100	192.168.100.4/24	交换机管理地址
计算节点 1	ETH2、3	192.168.30.10/24	计算节点 1 管理地址
计算节点 2	ETH2、3	192.168.30.20/24	计算节点 2 管理地址
存储节点	ETH0	172.16.1.100/24	存储节点管理地址 1
存储节点	ETH1	172.16.1.200/24	存储节点管理地址 2
存储节点	ETH2	192.168.70.100/24	存储节点业务地址 1
存储节点	ETH3	192.168.70.200/24	存储节点业务地址 2
运维部 PC	ETH0	192.168.40.2/24	运维部 PC
运维服务器 SRV1	ETH0	192.168.40.1/24	运维服务器 SRV1

项目相关知识

2.1 VLAN 间路由的概念

虽然 VLAN 可以减少网络中的广播，提高网络安全性能，但无法实现网络内部的所有主机互相通信，我们可以通过路由器或三层交换机来实现属于不同 VLAN 的计算机之间的三层通信，这就是 VLAN 间路由。

1. VLAN 间二层通信的局限性

如图 2-3 所示，VLAN 隔离了二层广播域，即隔离了各个 VLAN 之间的任何二层流量，因此，不同 VLAN 的用户之间不能进行二层通信。

由于不同 VLAN 之间的主机是无法实现二层通信的，所以必须通过三层路由才能将报文从一个 VLAN 转发到另外一个 VLAN，实现跨 VLAN 通信。实现 VLAN 间通信的方法主要有 3 种：多臂路由、单臂路由和三层交换。

2. VLAN 间路由的 3 种方法

（1）多臂路由

如图 2-4 所示，在路由器上为每个 VLAN 分配一个单独的接口，并使用一条物理链路

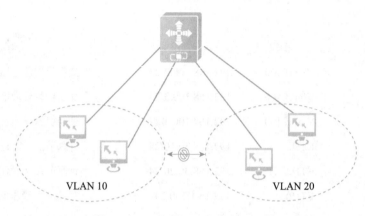

图 2-3　VLAN 间二层通信的局限性

连接到二层交换机上。当 VLAN 间的主机需要通信时，数据会经由路由器进行路由，并被转发到目标 VLAN 内的主机，这样就可以实现 VLAN 之间的相互通信。然而，随着每个交换机上 VLAN 数量的增加，这样做必然需要大量的路由器接口，而路由器的接口数量是极其有限的。并且，某些 VLAN 之间的主机可能不需要频繁进行通信，如果这样配置的话，会导致路由器的接口利用率降低。因此，实际应用中一般不会采用多臂路由来解决 VLAN 间的通信问题。

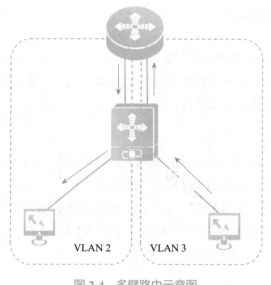

图 2-4　多臂路由示意图

（2）单臂路由

如图 2-5 所示，交换机和路由器之间仅使用一条物理链路连接。在交换机上，把连接到路由器的端口配置成 Trunk 类型的端口，并允许相关 VLAN 的帧通过。在路由器上创建子接口（Sub-Interface），逻辑上把连接路由器的物理链路分成了多条链路（每个子接口对应一个 VLAN）。这些子接口的 IP 地址各不相同，每个子接口的 IP 地址应该配置为该子接口所对应 VLAN 的默认网关地址。子接口是一个逻辑上的概念，所以子接口也常常被称为虚接口。配置子接口时，需要注意以下几点。

①必须为每个子接口分配一个 IP 地址。该 IP 地址与子接口所属 VLAN 位于同一网段。

②需要在子接口上配置 802.1Q 封装。

③在子接口上执行【arp broadcast enable】命令则可启用子接口的 ARP 广播功能。如图 2-5 中，PC1 发送数据给 PC2 时，路由器 R1 会通过 G0/0/1.1 子接口收到此数据，然后查找路由表，将数据从 G0/0/1.2 子接口发送给主机 B，这样就实现了 VLAN2 和 VLAN3 之间的主机通信。

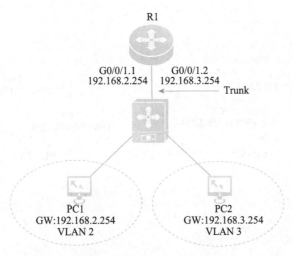

图 2-5　VLAN 路由 - 单臂路由

（3）三层交换

相对于多臂路由，单臂路由可以节约路由器的接口资源，但如果 VLAN 数量较多，VLAN 间的通信流量很大时，单臂链路所能提供的带宽就有可能无法支撑这些通信流量。而三层交换设备较好地解决了接口数量和交换带宽问题。

第三层交换是在交换机中引入路由模块而取代"路由器+二层交换机"的网络技术，这种集成了三层数据包转发功能的交换机被称为三层交换机。三层交换机中每个 VLAN 对应一个 IP 网段，VLAN 之间还是隔离的，不同 IP 网段之间的访问就要跨越 VLAN，这就需要使用三层转发引擎提供的 VLAN 间路由功能来实现。该第三层转发引擎相当于传统组网中的路由器，当需要与其他 VLAN 通信时要在三层交换引擎上分配一个路由接口

（逻辑接口 VLANIF），用来作为 VLAN 的网关。

三层交换机本身提供了路由功能，因此它不需要借助路由器来转发不同 VLAN 间的流量。三层交换机本身就拥有大量的高速端口，它可以直接连接大量的终端设备。因此，一台三层交换机就可以实现将终端隔离在不同的 VLAN 中，同时为这些终端提供 VLAN 间路由的功能。

如图 2-6 所示，在三层交换机上配置 VLANIF 接口来实现 VLAN 间路由。如果网络上有多个 VLAN，则需要给每个 VLAN 配置一个 VLANIF 接口，并给每个 VLANIF 接口配置一个 IP 地址。用户设置的默认网关就是三层交换机中 VLANIF 接口的 IP 地址。

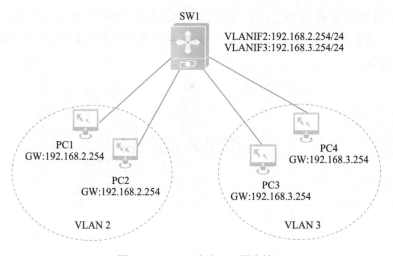

图 2-6　VLAN 路由 - 三层交换

2.2　ACL 的基本原理

1. ACL 的基本概念

访问控制列表 ACL（Access Control List）是由一系列规则组成的集合，ACL 通过这些规则对报文进行分类，从而使设备可以对不同类报文进行不同的处理。

一个 ACL 通常由若干条"deny | permit"语句组成，每条语句就是该 ACL 的一条规则，每条语句中的"deny | permit"就是与这条规则相对应的处理动作。处理动作"permit"的含义是"允许"，处理动作"deny"的含义是"拒绝"。特别需要说明的是，ACL 技术总是与其他技术结合在一起使用的，因此，所结合的技术不同，"允许（permit）"及"拒绝（deny）"的内涵及作用也会不同。例如，当 ACL 技术与流量过滤技术结合使用时，"permit"就是"允许通行"的意思，"deny"就是"拒绝通行"的意思。

ACL 是一种应用非常广泛的网络安全技术，配置了 ACL 的网络设备的工作过程可以分为以下两个步骤。

（1）根据事先设定好的报文匹配规则对经过该设备的报文进行匹配；

（2）对匹配的报文执行事先设定好的处理动作。

注意：这些匹配规则及相应的处理动作是根据具体的网络需求而设定的。处理动作的不同以及匹配规则的多样性，使得 ACL 可以发挥出各种各样的功效。

2. ACL 的规则

ACL 负责管理用户配置的所有规则，并提供报文匹配规则的算法。ACL 规则管理的基本思想如下。

（1）每个 ACL 作为一个规则组，一般可以包含多个规则。

（2）ACL 中的每条规则通过规则 ID（rule-id）来标识，规则 ID 可以自行设置，也可以由系统根据步长自动生成，即设备会在创建 ACL 的过程中自动为每条规则分配一个 ID。

（3）默认情况下，ACL 中的所有规则均按照规则 ID 从小到大的顺序与规则进行匹配。

（4）规则 ID 之间会留下一定的间隔。如果不指定规则 ID，具体间隔大小由"ACL 的步长"来设定。例如，将规则编号的步长设定为 10（注：规则编号的步长的默认值为 5），则规则编号将按照 10、20、30、40…的规律自动进行分配。如果将规则编号的步长设定为 2，则规则编号将按照 2、4、6、8…的规律自动进行分配。步长的大小反映了相邻规则编号之间的间隔大小。间隔的存在，实际上是为了方便在两个相邻的规则之间插入新的规则。

3. ACL 的规则匹配

配置了 ACL 的设备在接收到一个报文之后，会将该报文与 ACL 中的规则逐条进行匹配。如果不能匹配上当前这条规则，则会继续尝试去匹配下一条规则。一旦报文匹配上了某条规则，则设备会对该报文执行这条规则中定义的处理动作（permit 或 deny），并且不再继续尝试与后续规则进行匹配。如果报文不能匹配上 ACL 的任何一条规则，则设备会对该报文执行"permit"处理动作。

在将一个数据包和访问控制列表的规则进行匹配的时候，由规则的匹配顺序决定规则的优先级。华为设备支持以下两种匹配顺序。

（1）匹配顺序按照用户配置 ACL 规则的先后序列进行匹配，先配置的规则先匹配。根据 ACL 中语句的顺序，把数据包和判断条件进行比较。一旦匹配，就采用语句中的动作并结束比较过程，不再检查以后的其他条件判断语句。如果没有任何语句匹配，数据包将被放行。

（2）自动排序（auto）使用"深度优先"的原则进行匹配。"深度优先"根据 ACL 规则的精确度排序，如果匹配条件（如协议类型、源和目的 IP 地址范围等）限制越严格，规则就越先匹配。基本 IPv4 的 ACL 的"深度优先"顺序判断原则及步骤如下。

①判断规则中是否带 VPN 实例，带 VPN 实例的规则优先。

②比较源 IP 地址范围，源 IP 地址范围小（通配符掩码中"0"位的数量多）的规则优先。例如，"1.1.1.1 0.0.0.0"指定了一个 IP 地址 1.1.1.1，而"1.1.1.0 0.0.0.255"指定了一个网段 1.1.1.1～1.1.1.255。因前者指定的地址范围比后者小，所以在规则中优先。

③如果源 IP 地址范围相同，则规则 ID(rule-id) 小的规则优先。

4. ACL 分类

根据 ACL 所具备的特性不同，我们可以将 ACL 分成不同的类型，分别是基本 ACL、高级 ACL、二层 ACL、用户自定义 ACL，其中应用最为广泛的是基本 ACL 和高级 ACL。

在网络设备上配置 ACL 时，每个 ACL 都需要分配一个编号，称为 ACL 编号。基本 ACL、高级 ACL、二层 ACL、用户自定义 ACL 的编号范围分别为 2000～2999、3000～3999、4000～4999、5000～5999。配置 ACL 时，ACL 的类型应该与相应的编号范围保持一致。ACL 的分类见表 2-4。

表 2-4 ACL 的分类

ACL 类型	编号范围	规则制订的主要依据
基本 ACL	2000 ~ 2999	报文的源 IP 地址等信息
高级 ACL	3000 ~ 3999	报文的源 IP 地址、目的 IP 地址、报文优先级、IP 承载的协议类型及特性等三、四层信息
二层 ACL	4000 ~ 4999	报文的源 MAC 地址、目的 MAC 地址、802.1p 优先级、链路层协议类型等二层信息
用户自定义 ACL	5000 ~ 5999	用户自定义报文的偏移位置和偏移量、从报文中提取出相关内容等信息

2.3 AAA 认证

1. AAA 认证的基本概念

AAA 是 Authentication（认证）、Authorization（授权）和 Accounting（计费）的简称。

（1）认证：验证用户的身份和可使用的网络服务。

（2）授权：依据认证结果开放网络服务给用户。

（3）计费：记录用户对各种网络服务的用量，并提供给计费系统。

AAA 认证可以通过多种协议来实现，目前华为大部分设备支持基于远程认证拨号用户服务（Remote Authentication Dial-In User Service，RADIUS）协议或华为终端访问控制器控制系统（Huawei Terminal Access Controller Access Control System，HWTACACS）协议来实现 AAA 认证。

2. AAA 认证的基本模型

（1）认证

AAA 支持的认证方式有不认证、本地认证、远端认证。

①不认证：完全信任用户，不对用户身份进行合法性检查。鉴于安全考虑，这种认证方式很少被采用。

②本地认证：将用户信息（包括用户名、密码等属性）配置在本地的接入服务器上。本地认证的优点是处理速度快、运营成本低；缺点是存储信息量受设备硬件条件限制。在华为解决方案中，通常使用路由器作为接入服务器。

③远端认证：将用户信息配置在认证服务器上。AAA 支持通过 RADIUS 协议或 HWTACACS 协议进行远端认证。

大规模公司的认证模型如图 2-7 所示，总公司部署了 AAA 服务器，用户将通过 AAA 服务器进行身份认证；分公司的接入路由器作为 AAA Client，负责将用户的认证、授权和计费信息发给 AAA 服务器，能加快验证用户，提高 AAA 认证的效率；出差的员工则通过远程方式连接到总公司 AAA 服务器进行身份认证。用户通过身份认证后，就能访问公司网络。

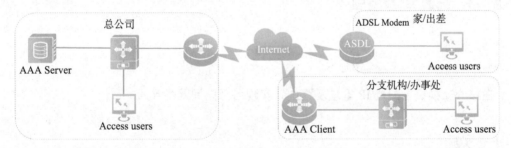

图 2-7 认证模型 1

小公司的认证模型如图 2-8 所示，公司在路由器上部署了 AAA 服务器，用户通过身份认证后，就能访问公司网络。需要注意的是，在路由器上部署 AAA 服务器只能实现简单的认证和授权业务，不具备计费功能。

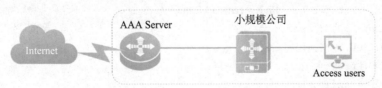

图 2-8 认证模型 2

（2）授权

AAA 支持的授权方式有不授权、本地授权、远端授权。

① 不授权：不对用户进行授权处理。

② 本地授权：根据接入服务器上配置的本地用户账号的相关属性进行授权。

③ 远端授权：由 HWTACACS 或 RADIUS 授权。其中，RADIUS 协议的认证和授权是绑定在一起的，不能单独使用 RADIUS 进行授权。

如果在一个授权方案中使用多种授权方式，这些授权方式按照配置顺序生效，不授权方式最后生效。

（3）计费

计费功能用于监控授权用户的网络行为和网络资源的使用情况。AAA 支持以下两种计费方式。

1　不计费：为用户提供免费上网服务，不产生相关活动日志。

2　计费：通过 RADIUS 服务器或 HWTACACS 服务器进行计费。

 项目实践

任务 2-1　配置 IP 及路由

1. 任务规划

在核心交换机上配置 IP 地址及路由，实现各部门间网络互通。

2. 任务实施

1）SW1

根据 IP 规划表为相应 VLAN 配置 IP 地址，配置默认路由指向路由器 R1。

```
[SW1]int vlanif 10        进入 vlanif10 接口
[SW1-Vlanif10]ip address 192.168.10.254 24    // 配置当前接口 IP 地址为
192.168.10.254，子网掩码为 24 位
[SW1-Vlanif10]quit
[SW1]int vlanif 20
[SW1-Vlanif20]ip address 192.168.20.254 24
```

```
[SW1-Vlanif20]quit
[SW1]int vlanif 30
[SW1-Vlanif30]ip address 192.168.30.254 24
[SW1-Vlanif30]quit
[SW1]int vlanif 40
[SW1-Vlanif40]ip address 192.168.40.254 24
[SW1-Vlanif40]quit
[SW1]int vlanif 50
[SW1-Vlanif50]ip address 192.168.50.253 24
[SW1-Vlanif50]quit
[SW1]int vlanif 60
[SW1-Vlanif60]ip address 172.16.1.254 24
[SW1-Vlanif60]quit
[SW1]int vlanif 70
[SW1-Vlanif70]ip address 192.168.70.254 24
[SW1-Vlanif70]quit
[SW1]int vlanif 100
[SW1-Vlanif100]ip address 192.168.100.254 24
[SW1-Vlanif100]quit
[SW1]ip route-static 0.0.0.0 0.0.0.0 192.168.50.254    //配置默认路由，下一跳为
192.168.50.254
```

2）SW2

根据 IP 规划表为相应 VLAN 配置 IP 地址，配置默认路由指向 SW1。

```
[SW2]int vlanif 100
[SW2-Vlanif100]ip address 192.168.100.2 24
[SW2-Vlanif100]quit
[SW2]ip route-static 0.0.0.0 0.0.0.0 192.168.100.254
```

3）SW3

根据 IP 规划表为相应 VLAN 配置 IP 地址，配置默认路由指向 SW1。

```
[SW3]int vlanif 100
[SW3-Vlanif100]ip address 192.168.100.3 24
[SW3-Vlanif100]quit
[SW3]ip route-static 0.0.0.0 0.0.0.0 192.168.100.254
```

4）SW4

根据 IP 规划表为相应 VLAN 配置 IP 地址，配置默认路由指向 SW1。

```
[SW4]int vlanif 100
[SW4-Vlanif100]ip address 192.168.100.4 24
[SW4-Vlanif100]quit
[SW4]ip route-static 0.0.0.0 0.0.0.0 192.168.100.254
```

3. 任务验证

在核心交换机 SW1 上使用【display ip interface brief】命令查看接口 IP 地址信息，可以看到各 VLAN 的 IP 地址已经配置成功。

```
[SW1]display ip int brief
*down: administratively down
^down: standby
(l): loopback
(s): spoofing
The number of interface that is UP in Physical is 9
The number of interface that is DOWN in Physical is 1
The number of interface that is UP in Protocol is 8
The number of interface that is DOWN in Protocol is 2

Interface              IP Address/Mask      Physical    Protocol
MEth0/0/1              unassigned           down        down
NULL0                  unassigned           up          up(s)
Vlanif1                unassigned           up          down
Vlanif10               192.168.10.254/24    up          up
Vlanif20               192.168.20.254/24    up          up
Vlanif30               192.168.30.254/24    up          up
Vlanif40               192.168.40.254/24    up          up
Vlanif50               192.168.50.253/24    up          up
Vlanif60               172.16.1.254/24      up          up
Vlanif70               192.168.70.254/24    up          up
Vlanif100              192.168.100.254/24   up          up
[SW1]
```

任务 2-2　配置访问控制列表

1. 任务规划

在核心交换机 SW1 上创建并启用访问控制列表，实现仅允许运维服务器远程管理存储节点。

2. 任务实施

1）SW1

创建基本 ACL，仅允许网络运维服务器 SRV1 通过，拒绝其他所有流量，并在存储节点管理 VLAN 60 的出口方向应用该 ACL。

```
[SW1]acl 2000        创建ACL，编号为2000
[SW1-acl-basic-2000]rule permit source 192.168.40.1 0    //创建规则,放行源为192.168.40.1的主机
[SW1-acl-basic-2000]rule deny source any      // 创建规则,拒绝其他所有流量
[SW1-acl-basic-2000]qui
[SW1]traffic-filter vlan 60 outbound acl 2000    //在VLAN 60的出口方向应用规则为ALC 2000的流量过滤
```

3. 任务验证

在交换机 SW1 上使用【display acl all】命令查看 ACL 信息，可以看到 ACL2000 及对应的规则。

```
    [SW1]dis acl all
 Total nonempty ACL number is 1

   Basic ACL 2000, 2 rules
   Acl's step is 5
 rule 5 permit source 192.168.40.1 0
 rule 10 deny
```

任务 2-3　配置设备远程管理功能

1. 任务规划

在所有交换机上开启 SSH 并设置登录用户名及密码，方便后期对设备进行远程管理。

2. 任务实施

1) SW1

在交换机上创建本地密钥对，进入用户接口 VTY 0～VTY 4，设置用户认证模式为 AAA，仅允许 SSH 登录；进入 AAA 视图并创建本地用户 admin，设置本地用户 admin 的服务类型和用户权限等级；指定 SSH 用户 admin 的服务类型为 SSH，认证方式为密码认证；创建完成后可以开启交换机的 SSH 服务。

```
[SW1]rsa local-key-pair create
The key name will be: SW1_Host
The range of public key size is (512 ～ 2048).
NOTES: If the key modulus is greater than 512,
      it will take a few minutes.
Input the bits in the modulus[default = 512]:
Generating keys...
...............++++++++++++
............++++++++++++
.........................++++++++
......++++++++

[SW1]user-interface vty 0 4
[SW1-ui-vty0-4]authentication-mode aaa
[SW1-ui-vty0-4]protocol inbound ssh
[SW1-ui-vty0-4]quit

[SW1]aaa
[SW1-aaa]local-user admin password cipher Jan16@123
[SW1-aaa]local-user admin service-type ssh
[SW1-aaa]local-user admin privilege level 15
```

```
[SW1-aaa]quit

[SW1]ssh user admin service-type stelnet
[SW1]ssh user admin authentication-type password
[SW1]stelnet server enable
```

其他交换机远程管理配置与 SW1 一致。

3. 任务验证

在交换机上使用【display ssh server status】命令查看 SSH 状态信息，以 SW1 为例，可以看到 Stelnet 状态为 Enable，表示交换机的 SSH 服务已开启。

```
[SW1]display ssh server status
SSH version                         :1.99
SSH connection timeout              :60 seconds
SSH server key generating interval  :0 hours
SSH authentication retries          :3 times
SFTP server                         :Disable
Stelnet server                      :Enable
Scp server                          :Disable
```

在交换机上使用【display ssh user-information】命令查看 SSH 用户信息，以 SW1 为例，可以看到用户 admin 的认证类型为密码认证，服务类型为 stelnet。

```
[SW1]display ssh user-information
User 1:
    User Name              : admin
    Authentication-type    : password
    User-public-key-name   : -
    User-public-key-type   : -
    Sftp-directory         : -
    Service-type           : stelnet
    Authorization-cmd      : No
```

4. 项目验证

在网络运维部 PC 上配置 IP 地址，使用【ipconfig】命令查看 IP 地址信息。

```
C:\Users\admin>ipconfig

Windows IP 配置

以太网适配器 以太网：

   连接特定的 DNS 后缀 . . . . . . . :
   IPv4 地址 . . . . . . . . . . . . : 192.168.40.1
   子网掩码  . . . . . . . . . . . . : 255.255.255.0
   默认网关. . . . . . . . . . . . . : 192.168.40.254
```

在网络运维部 PC 上使用【ping】命令，测试计算节点的连通性。

```
PC>ping 192.168.30.10

Ping 192.168.30.10: 32 data bytes, Press Ctrl_C to break
From 192.168.30.10: bytes=32 seq=1 ttl=253 time=62 ms
From 192.168.30.10: bytes=32 seq=2 ttl=253 time=47 ms
From 192.168.30.10: bytes=32 seq=3 ttl=253 time=63 ms
From 192.168.30.10: bytes=32 seq=4 ttl=253 time=78 ms
From 192.168.30.10: bytes=32 seq=5 ttl=253 time=47 ms

  --- 192.168.30.10 ping statistics ---
5 packet(s) transmitted
5 packet(s) received
0.00% packet loss
round-trip min/avg/max = 47/59/78 ms

PC>ping 192.168.30.20

Ping 192.168.30.20: 32 data bytes, Press Ctrl_C to break
From 192.168.30.20: bytes=32 seq=1 ttl=253 time=62 ms
From 192.168.30.20: bytes=32 seq=2 ttl=253 time=47 ms
```

项目2　数据中心核心网络部署

```
 From 192.168.30.20: bytes=32 seq=3 ttl=253 time=63 ms
 From 192.168.30.20: bytes=32 seq=4 ttl=253 time=78 ms
 From 192.168.30.20: bytes=32 seq=5 ttl=253 time=47 ms

 --- 192.168.30.10 ping statistics ---
5 packet(s) transmitted
5 packet(s) received
0.00% packet loss
round-trip min/avg/max = 47/59/78 ms
```

分别在运维部 PC 和运维服务器上使用【ping】命令，测试 ACL 是否生效。

① 运维部 PC。

```
PC>ping 172.16.1.100

Ping 172.16.1.100: 32 data bytes, Press Ctrl_C to break
Request timeout!
Request timeout!
Request timeout!
Request timeout!
Request timeout!

--- 172.16.1.100 ping statistics ---
5 packet(s) transmitted
0 packet(s) received
100.00% packet loss
```

② 运维服务器。

```
PC>ping 172.16.1.100

Ping 172.16.1.100: 32 data bytes, Press Ctrl_C to break
From 172.16.1.100: bytes=32 seq=1 ttl=253 time=62 ms
From 172.16.1.100: bytes=32 seq=2 ttl=253 time=47 ms
From 172.16.1.100: bytes=32 seq=3 ttl=253 time=63 ms
From 172.16.1.100: bytes=32 seq=4 ttl=253 time=78 ms
From 172.16.1.100: bytes=32 seq=5 ttl=253 time=47 ms
```

```
 --- 172.16.1.100 ping statistics ---
5 packet(s) transmitted
5 packet(s) received
0.00% packet loss
round-trip min/avg/max = 47/59/78 ms
```

在网络运维部 PC 上使用 SSH 远程登录到交换机，以 SW1 为例，测试远程管理功能。

(1) 打开 Xshell，在【新建会话属性】对话框中，选择协议为【SSH】,【主机】（H）:文本框中输入核心交换机的 IP 地址，端口号选择为【22】，单击【连接】开始连接，如图 2-9 所示。

图 2-9 【新建会话属性】对话框

（2）系统弹出【SSH 安全警告】对话框，单击【接受并保存】按钮，如图 2-10 所示。

（3）系统弹出【SSH 用户名】对话框，输入登录的用户名，单击【确定】按钮，如图 2-11 所示。

（4）在系统弹出的【SSH 用户身份验证】对话框中，选择验证方式为【Password】，并输入密码，单击【确定】按钮，如图 2-12 所示。

（5）远程登录成功，使用 system-view 命令可进入系统配置界面，如图 2-13 所示。

项目2 数据中心核心网络部署

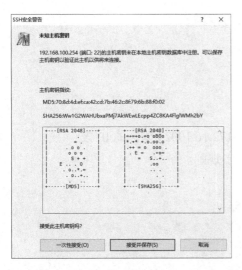

图 2-10 【SSH 安全警告】对话框

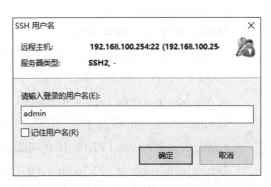

图 2-11 【SSH 用户名】对话框

图 2-12 【SSH 用户身份验证】对话框

图 2-13 SSH 远程登录成功界面

一、单选题

1. 高级 ACL 的编号范围是（　　）。
   A.1000～1999　　　B.2000～2999　　　C.3000～3999　　　D.4000～4999

049

2. 下列选项中，（　　）是一条合法的基本 ACL 规则。

　　A.rule permit ip

　　B.rule deny ip

　　C.rule permit source any

　　D.rule permit tcp source any

3. 如果希望利用基本 ACL 来识别源 IP 地址为 172.16.10024 网段的 IP 报文并执行"允许"动作，那么应该采用（　　）规则。

　　A.rule permit source 172.16.10.0 0.0.0.0

　　B.rule permit source172.16.10.0255.255255.255

　　C.rule permit source 172.16. 10.00.0.255.255

　　D.rule permit source 172.16.10.0 0.0.0.255

4. 如果希望利用高级 ACL 来识别源 IP 地址为 172.16.10.1 且目的 IP 地址为 172.16.20.0/24 网段的 IP 报文并执行"拒绝"的动作，那么应该采用（　　）规则。

　　A.rule deny source 172.16.10.1 0.0.0.0

　　B.rule deny source 172.16.10.1 0.0.0.0 destination 172.16.20.0 0.0.0.255

　　C.rule deny tcp source 172.16. 10. 1 0.0.0.0 destination 172.16.20.0 0.0.0.255

　　D.rule deny ip source 172. 16.10. 1 0.0.0.0 destination 172.16.20.0 0.0.0.255

5. （　　）项参数不能用于高级访问控制列表。

　　A. 物理接口

　　B. 目的端口号

　　C. 协议号

　　D. 时间范围

二、多选题

1. 关于高级 ACL 的规则，（　　）说法是正确的。

　　A. 高级 ACL 的规则可用于识别报文的 TCP 目的端口号

　　B. 高级 ACL 的规则可用于识别报文的 TCP 源端口号

　　C. 高级 ACL 的规则可用于识别报文的 UDP 目的端口号

　　D. 高级 ACL 的规则可用于识别报文的 UDP 源端口号

　　E. 高级 ACL 的规则可用于识别报文的目的 IP 地址

2. 用 Telnet 方式登录路由器时，（　　）方式是不可用的。

　　A.password 认证　　B.AAA 本地认证　　C.MD5 密文认证　　D. 不认证

3. 以下属于 VLAN 间路由的是（　　）。

　　A. 多臂路由

　　B. 单臂路由

　　C. 二层交换

　　D. 三层交换

4. 以下 ACL 规则写法正确的是（　　）。

　　A.acl 2000

　　　　rule deny ip source 172.16.10.1 0.0.0.0

　　B.acl 2999

　　　　rule deny source 172.16.10.1 0.0.0.0

　　C.acl 3000

　　　　rule deny source 172.16.10.1 0.0.0.0

　　D.acl 3999

　　　　rule deny ip source 172.16.10.1 0.0.0.0

5. AAA 包含（　　）。

　　A. 认证 Authentication

　　B. 审计 Auditing

　　C. 授权 Authorization

　　C. 计费 Accounting

项目3

x86 服务器虚拟化配置与管理

学习目标

（1）掌握 ESXi 6.5 的安装过程。
（2）能配置 ESXi 服务器的 DCUI 界面。
（3）能在 ESXi 服务器上安装 vCenter server。

项目描述

Jan16 公司的大部分业务都依赖于信息化系统开展，因此，信息化系统的可靠性、稳定性和响应时间成为公司业务开展的关键。

公司的信息化系统是逐年建设并完善的，这些信息化系统都分别部署在服务器上，系统管理员在维护这些服务器时，需要定期检测它们的运行指标。近一年来，公司各服务器的 CPU、内存、磁盘等核心指标利用率处于较高水平，对原有服务器的升级和业务系统迁移已提上议程。

随着云计算技术的成熟，公司拟运用虚拟化技术构建高可用的企业云计算平台，灵活地为公司现有或将来的业务需求建立相应的虚拟服务器，从而避免硬件的无序投入和浪费，以提高服务器的利用率，确保公司业务的高效运行。

因此，公司计划先期采购两台高性能服务器作为计算节点，采用 VMware vSphere 6.5 虚拟化平台作为云计算平台的基础架构，并基于此承载公司的信息化系统。企业云计算平台的网络拓扑如图 3-1 所示。

计算节点服务器基本配置信息表见表 3-1。

表 3-1 计算节点服务器基本配置信息表

服务器名称	CPU 核心	内存	磁盘	网卡
CN1	56 核心	256 GB	450GB	8 个
CN2	56 核心	256 GB	450GB	8 个

所有服务器均需要接入到管理网络 VLAN30，其网络配置信息表见表 3-2。

表 3-2 服务器网络配置信息表

服务器名称	IP 地址	网关地址
CN1	192.168.30.10/24	192.168.30.254
CN2	192.168.30.20/24	192.168.30.254
vCenter server	192.168.30.100/24	192.168.30.254

项目3　x86服务器虚拟化配置与管理

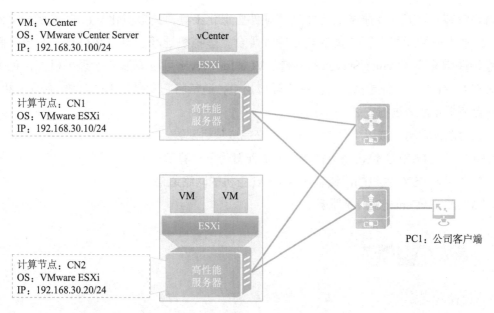

图 3-1　企业云计算平台网络拓扑

所有服务器的管理账号密码规划表见表 3-3。

表 3-3　管理账号密码规划表

服务器名称	操作系统	管理账号名称	密码
CN1	VMware ESXi	Root	Jan16@123
CN2	VMware ESXi	Root	Jan16@123
vCenter server	VMware vCenter Server	Administrator@vsphere.local	Jan16@123

为组建高可用的企业云计算平台，公司要求虚拟化工程师完成以下工作任务：

（1）分别在两台高性能服务器上安装 ESXi 软件，将高性能服务器部署为 VMware ESXi 的云计算节点。

（2）进行 ESXi 主机的基础配置，实现 ESXi 主机的网络通信。

（3）在第一个云计算节点 CN1 上安装 vCenter Server 服务虚拟机，以方便后续云计算节点的统一管理。

VMware 的 VSphere 平台由 ESXi 主机、VCenter Server 等多个组件组成。其中，ESXi

主机是安装在计算节点服务器上的底层硬件虚拟化工具，是虚拟化平台的基础。VCenter Server 是用于管理服务器群集的统一管理平台，虚拟机迁移、高可用群集、负载均衡等高级特性均需要 VCenter Server 的支持。VCenter Server 可以安装在物理主机上，也可以安装在 ESXi 上的一台虚拟机上。在实际应用中，通常将它安装在 ESXi 的一台虚拟机上，本项目将采用后者进行安装。

综合以上，需完成以下几个工作任务来完成项目部署。

（1）安装 ESXi 主机，将高性能服务器配置为云计算节点。

（2）配置 ESXi 主机的网络，实现 ESXi 主机的网络通信。

（3）部署 vCenter Server 服务。

3.1 云计算基础

1. 云计算的基本概念

云计算（Cloud Computing），狭义上是指各种 IT 基础设施的交付和使用模式，即通过网络按自身的需求获得的 IT 基础设施资源。广义上是指各种 IT 服务的交付和使用模式，即通过网络按自身的需求获得的各种 IT 服务。

2. 云计算的三种服务模式

（1）IaaS

IaaS（Infrastructure as a Service，基础设施即服务）为用户提供计算和存储等 IT 基础设施资源，用户在基础设施中部署云主机并运行操作系统和应用程序时不需要管理和控制硬件设备，但可以控制应用程序。

（2）PaaS

PaaS（Platform as a Service，平台即服务）是将软件研发的平台即业务基础平台作为一种服务提交给用户，能够为企业提供定制的多元化服务。

（3）SaaS

SaaS（Software as a Service，软件即服务）是一种通过网络提供相关软件的模式。用户通过租用软件的方式可以实现管理企业经营活动，且无须管理和维护软件。

3.2 虚拟化基础

1. 虚拟化的基本概念

虚拟化是指通过虚拟化技术将一台物理计算机虚拟为多台逻辑计算机，即在一台物理机上同时运行多个逻辑计算机。虚拟机是"虚拟化"技术的一种应用。

2. 虚拟化的分类

（1）虚拟化按规模可以分为两种，即企业级虚拟化和单机虚拟化。

（2）虚拟化按类型可以分为三种，即网络虚拟化、存储虚拟化和服务器虚拟化。

3. 虚拟化技术的基本概念

在 IT 领域，虚拟化技术一般是指把有限的固定资源根据不同需求重新规划以实现资源高效利用的一种技术。虚拟化技术是实现云计算的基础，云计算运行于虚拟化平台之上，由虚拟化平台提供底层的硬件支持。

3.3 vSphere 基础

VMware vSphere 是业界领先的虚拟化平台，能够通过虚拟化扩展应用、重新定义可用性和简化虚拟数据中心，最终可实现高可用、恢复能力强的按需基础架构，同时可以降低数据中心成本，增加系统和应用正常运行时间，以及简化 IT 运行数据中心的方式。

VMware vSphere 的两个核心组件是 ESXi 和 vCenter Server。ESXi 是用于创建和运行虚拟机及虚拟设备的虚拟化平台。vCenter Serve 是管理平台，充当连接到网络的 ESXi 主机的中心管理员，vCenter Server 可用于将多个 ESXi 主机加入池中并管理这些资源。

3.4 vCenter Server 基础

1. vCenter Server 的基本概念

VMware vCenter Server 是 VMware vSphere 虚拟化架构中的核心管理工具，充当 ESXi 主机及虚拟机中心管理点的角色，使用 vCenter Server 可以集中管理多台 ESXi 主机及其虚拟机。vCenter Server 允许管理员集中部署、管理和监控虚拟基础架构，实现自动化和安全性。然而，如果 vCenter Server 的安装、配置和管理不当，可能会导致管理效率降低，甚至导致 ESXi 主机和虚拟机停机。

2. vCenter Server 的部署方式

vCenter Server 有两种部署方式，一种是在 Windows server 系统下安装各项组件，包括数据库、SSO、目录服务、vCenter 等，安装较为复杂，需要一台独立的服务器；另一种则是以虚拟机的方式安装到 ESXi 主机，以虚拟机的方式运行，也称为 VCSA（vCenter Server Virtual Appliance）。vCenter Server 的拓扑如图 3-2 所示。

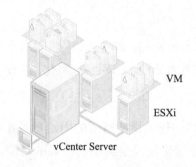

图 3-2　vCenter Server 的拓扑

任务 3-1　安装 ESXi 主机

1. 任务规划

在本项目中，采用 vSphere6.5 作为虚拟化平台，因此需要在计算节点服务器上安装 ESXi6.5，以实现硬件的底层虚拟化。计算节点服务器采用带外管理的方式进行系统安装和系统管理，故需要一台 PC 远程登录到服务器，进行 ESXi6.5 的安装。ESXi6.5 的安装镜像可从 VMware 的官方网站下载。本任务的实施步骤如下：

（1）准备 ESXi6.5 的 ISO 镜像文件。

（2）在服务器上搭建 ESXi6.5 平台。

2. 任务实施

1）准备 ESXi6.5 的 ISO 镜像文件。

在 PC 端上准备好 ESXi 6.5 安装镜像，存放到 D 盘 ESXi 6.5 目录下，结果如图 3-3 所示。

图 3-3　ESXi 6.5 的安装镜像

2）在服务器上搭建 ESXi6.5 平台

（1）服务器默认管理系统地址为【http://192.168.2.100】，因此 PC 需配置为同一网络，保证与服务器能正常通信，PC 客户端的 IP 配置信息如图 3-4 所示。

图 3-4　PC 客户端的 IP 配置信息

（2）接通服务器电源，在 PC 上使用 IE 浏览器登录主机 CN1 的智能管理系统，访问地址为【http://192.168.2.100】，打开的华为服务器管理系统的登录界面如图 3-5 所示。

（3）服务器远程管理的默认用户账号和密码分别为【Administrator】和【Admin@9000】，

输入用户名和密码后，单击【登录】按钮，可以打开如图3-6所示的服务器管理主界面。

（4）在导航栏中单击【远程控制】，打开如图3-7所示的远程控制管理界面，在【集成远程控制台】中选择【HTML5集成远程控制台（共享）】链接。

（5）在打开的远程控制界面中单击如图3-8所示的【光驱】按钮，在弹出的对话框中选择镜像文件【VMware-VMvisor-ESXi-6.5.U3b.iso】，然后单击【连接】按钮。

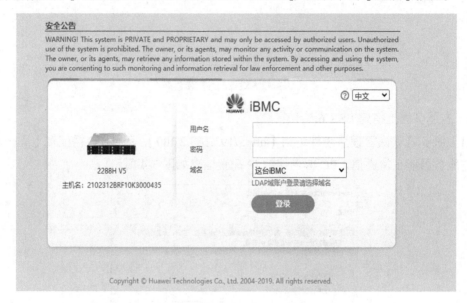

图3-5　华为服务器智能管理系统的登录界面

图3-6　服务器管理主界面

项目3　x86服务器虚拟化配置与管理

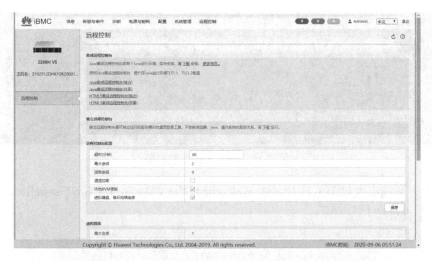

图 3-7　远程控制管理界面

图 3-8　添加镜像文件界面

（6）在远程控制界面中单击【电源】按钮，打开如图 3-9 所示的下拉式菜单，选择【上电】命令，启动服务器。

图 3-9　启动服务器

（7）此时虚拟机将进入 ESXi 程序安装过程，界面如图 3-10 所示。

图 3-10　ESX 程序安装界面

（8）当系统出现如图 3-11 所示的 Welcome to the VMware ESXi 6.5 Installation 界面时，按【回车】键继续。

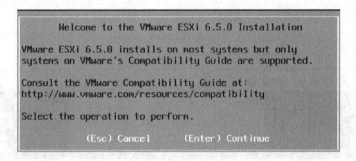

图 3-11　VMware to the VMware ESXi 6.5 Installation 安装界面

（9）系统将进入如图 3-12 所示的 End User License Agreement 的安装协议界面，按【F11】键同意协议，然后进入下一步。

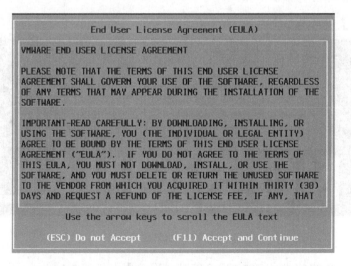

图 3-12　End User License Agreement 安装协议界面

（10）系统将自动扫描本地磁盘，扫描完成后，系统将列出当前主机中已安装的硬盘，管理员需要选择其中一个作为系统安装盘，如图 3-13 所示。最后，按【回车】键进入下一步。

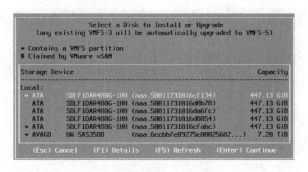

图 3-13　选择系统安装盘

（11）系统将进入如图 3-14 所示的键盘布局选择界面，选择【US Default】选项，然后按【回车】键进入下一步。

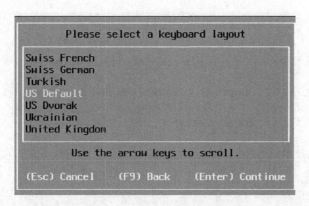

图 3-14　键盘布局选择界面

（12）系统进入如图 3-15 所示的设置密码界面，按项目规划表输入密码【Jan16@123】，然后按【回车】键进入下一步。

图 3-15　设置密码

（13）系统进入如图3-16所示的系统安装确认界面，确认无误后出按【F11】键开始安装。

图3-16　系统安装确认界面

（14）安装完成后，系统将进入如图3-17所示的系统安装完成提示界面，按【回车】键确认并重启主机，完成ESXi系统安装。

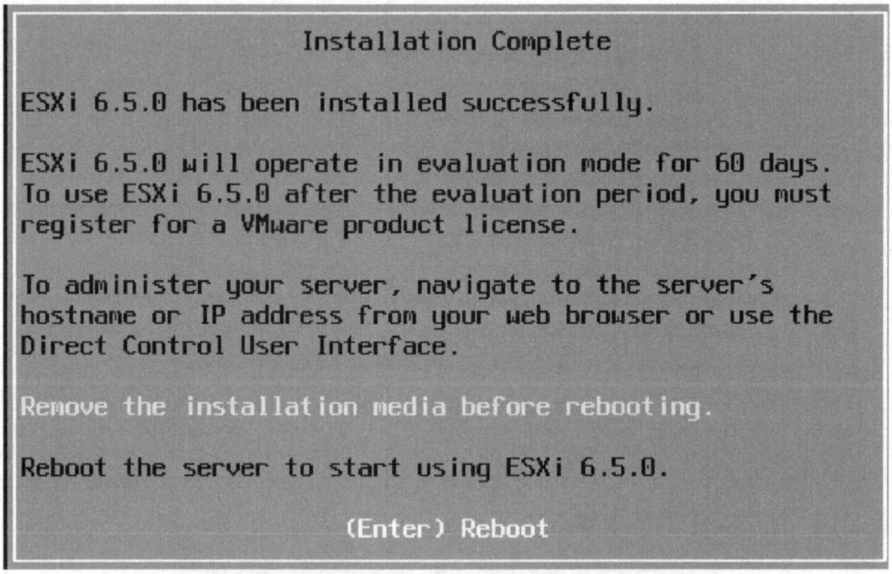

图3-17　系统安装完成提示界面

3. 任务验证

主机重启后，系统出现VMware ESXi 6.5的主界面，表示已完成VMware ESXi主机安装。可以从如图3-18所示的主界面中看到当前主机的基本信息，包括CPU、内存及网络配置情况等。

项目3 x86服务器虚拟化配置与管理

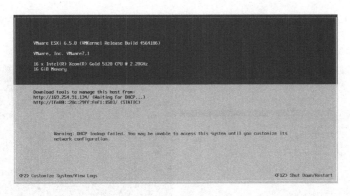

图 3-18 VMware ESXi 6.5 的主界面

任务 3-2 配置 ESXi 主机的网络

1. 任务规划

ESXi 主机安装完成后，还需要对主机进行基本配置，包括主机 IP 地址、主机名、网关、DNS 服务器地址等，使主机能在网络中通信。本任务的实施步骤如下：

（1）配置 ESXi 主机的 IP 地址、子网掩码、网关、DNS 服务器地址等。
（2）修改 ESXi 主机的主机名。

2. 任务实施

1）配置 ESXi 主机的 IP 地址、子网掩码、网关、DNS 服务器地址等。
（1）在 VMware ESXi 6.5 的主界面，按【F2】键，在弹出如图 3-19 所示的对话框中输入用户名和密码：【root】和【Jan16@123】，然后按【回车】键，进入系统配置界面。

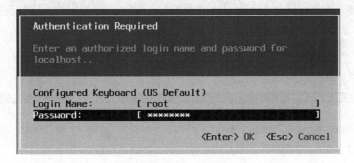

图 3-19 系统配置界面对话框

（2）在图 3-20 所示的系统配置界面，通过方向键选择【Configure Management Network】选项，按【回车】键，进入网络配置界面。

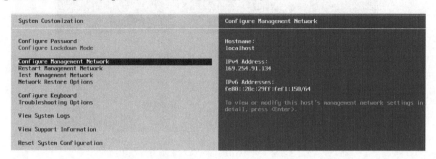

图 3-20　系统配置界面

（3）在界面选择【IPv4 Configuration】，按【回车】键进入 IPv4 配置界面，如图 3-21 所示。

图 3-21　IPv4 配置界面

（4）在弹出 IPv4 配置界面中选中【Set static IP address and network configuration】选项，按【空格】键激活静态 IP 地址模式，在 IP 地址、子网掩码和默认网关信息栏中，输入主机 CN1 的 IP 地址，如图 3-22 所示。

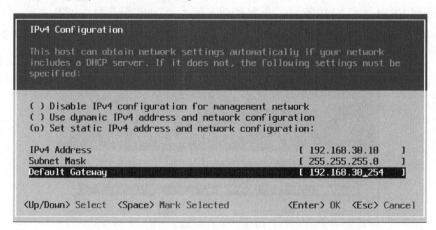

图 3-22　配置 IP 地址

（5）输入无误后，按【回车】键确认。配置界面将更新 IP 地址配置信息，结果如图 3-23 所示。

图 3-23　更新 IP 地址配置信息

2）修改 ESXi 主机的主机名

（1）在系统配置界面选中【DNS Configuration】选项，按【回车】键进入 DNS 配置界面，如图 3-24 所示。

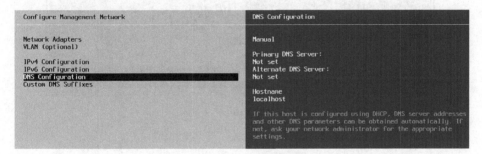

图 3-24　DNS 配置界面

（2）在弹出的 DNS 配置界面中选择【Hostname】信息栏，输入主机名【CN1】，结果如图 3-25 所示。输入无误后，按【回车】键确认。

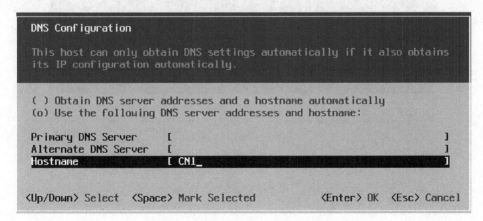

图 3-25　输入主机名

（3）返回到系统配置界面后将更新主机名配置信息，结果如图 3-26 所示。

（4）按【Esc】键，出现如图 3-27 所示的确认网络配置信息界面，按【Y】键继续。

（5）返回主界面后，可以看到修改后的基本信息，包括主机名及网络配置情况，结果如图 3-28 所示。

图 3-26　更新主机名配置信息

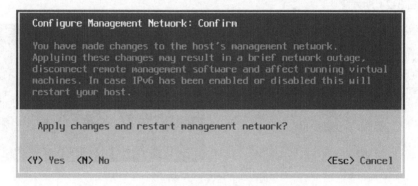

图 3-27　确定网络配置信息界面

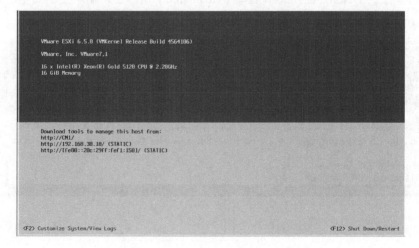

图 3-28　ESXi 主界面

项目3　x86服务器虚拟化配置与管理

3. 任务验证

（1）使用浏览器访问 http://192.168.30.10，进入如图 3-29 所示的 ESXi 登录界面，输入管理员账号【root】和密码【Jan16@123】，单击【登录】按钮进入 ESXi 主机的管理页面。

（2）在管理页面的首页，可以查看到当前主机的基本信息，如图 3-30 所示。

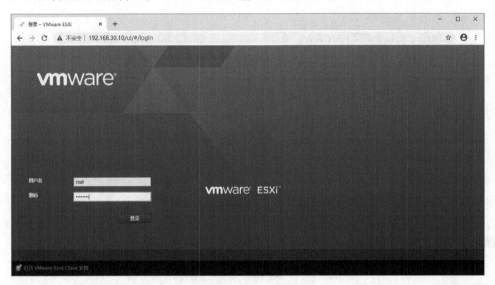

图 3-29　VMware ESXi 6.5 登录界面

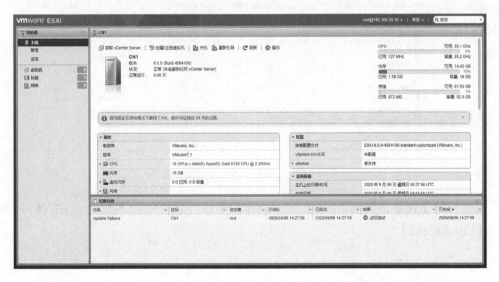

图 3-30　VMware ESXi 6.5 主机的基本信息

任务 3-3　部署 vCenter Server 服务

1. 任务规划

本项目中 vCenter Server 将采用虚拟机的方式进行安装，因此在安装前需要下载 VCSA 安装镜像，并将镜像复制到 PC 中。vCenter Server 将以虚拟机方式在主机 CN1 中运行。本任务的实施步骤如下：

（1）在主机 CN1 上部署 VCSA。
（2）进行 VMware vCenter Server 的基本配置。

2. 任务实施

1）在主机 CN1 上部署 VCSA

（1）在 PC 客户机上使用虚拟光驱装载 vCenter Server 的安装镜像，该文件如图 3-31 所示（下载的镜像名称默认为 VMware-VCSA-all-6.5.0-15259038.iso）。

图 3-31　VMware-VCSA 镜像文件

（2）打开【vcsa-ui-install\win32\install.exe】文件，运行如图 3-32 所示的 VCSA 安装程序【installer.exe】。

项目3　x86服务器虚拟化配置与管理

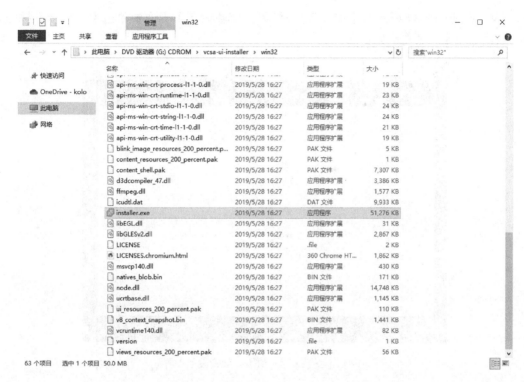

图 3-32　运行 VMware-VCSA 安装程序

（3）在如图 3-33 所示的安装向导中单击【安装】图标，进入 VCenter Server 安装向导。

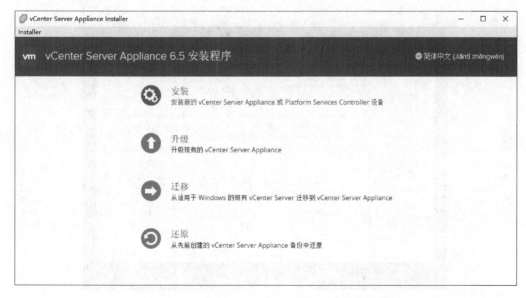

图 3-33　vCenter Server Appliance 6.5 安装向导

（4）在如图 3-34 所示的【安装-第一阶段：部署设备】界面中单击【下一步】按钮，进入 vCenter 第一阶段的安装向导。

图 3-34 【安装 - 第一阶段：部署设备】界面

（5）在如图 3-35 所示的【最终用户许可协议】界面中，勾选【我接受许可协议条款】复选框，单击【下一步】按钮。

图 3-35 【最终用户许可协议】界面

（6）在如图3-36所示的【选择部署类型】界面中，选择【嵌入式Platform Services Controller】选项，单击【下一步】按钮。

图3-36 【选择部署类型】界面

（7）在如图3-37所示的【设备部署目标】界面中，输入CN1主机IP地址【192.168.30.10】，HTTPS端口使用默认值，用户名为主机CN1的管理账号【root】，密码为【Jan16@123】，然后单击【下一步】按钮。

图3-37 【设备部署目标】界面

（8）在弹出的如图 3-38 所示的【证书警告】对话框中单击【是】按钮，继续安装。

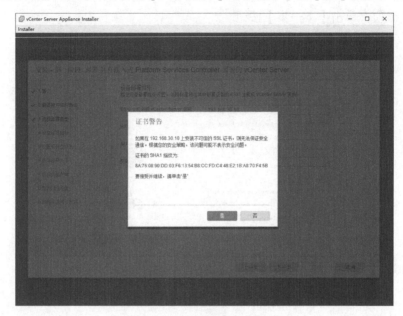

图 3-38 【证书警告】对话框

（9）如图 3-39 所示的在【设置设备虚拟机】界面中设置 vCenter Server 的【虚拟机名称】和【Root 密码】，密码为【Jan16@123】，设置完成后单击【下一步】按钮。

图 3-39 设置 vCenter 虚拟机名称和密码界面

（10）在如图 3-40 所示的【选择部署大小】界面中，部署大小选择为【微型】（当前项目所使用的主机不超过 10 台，虚拟机不超过 100 台），然后单击【下一步】按钮。

图 3-40 【选择部署大小】界面

（11）打开如图 3-41 所示的【选择数据存储】界面，设置 VCenter Server 存储在系统盘【datastore1】中，然后单击【下一步】按钮。

图 3-41 【选择数据存储】界面

（12）在如图 3-42 所示的【配置网络设置】界面中，输入 vCenter 的 IP 地址、子网掩码、默认网关及 DNS 服务器地址等信息，单击【下一步】按钮。

图 3-42 【配置网络设置】界面

（13）在如图 3-43 所示的【即将完成第 1 阶段】界面中，确认配置信息无误后单击【完成】按钮，开始安装 vCenter。

图 3-43 【即将完成第 1 阶段】界面

（14）系统将自动执行 vCenter Server 安装部署程序，部署完成后将看到如图 3-44 所示的部署完成界面，单击【继续】按钮后，安装程序将进入第二阶段。

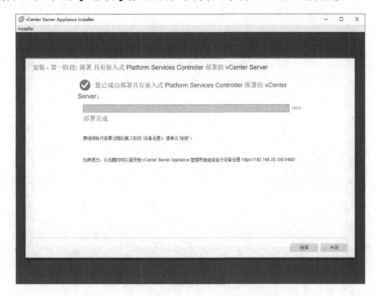

图 3-44　vCenter Server 部署完成界面

2）配置 VMware vCenter Server 的基本设置

（1）程序安装第二阶段需要完成 vCenter Server Appliance 设置，该阶段的主界面如图 3-45 所示，单击【下一步】按钮进入第二阶段安装向导。

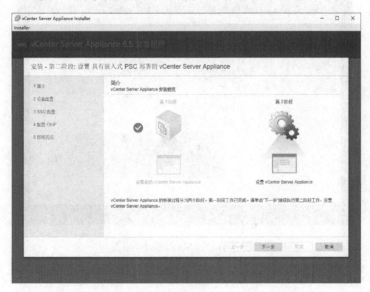

图 3-45　vCenter Server 部署第二阶段主界面

（2）在如图 3-46 所示的【设备配置】界面中，设置时间同步模式为【与 ESXi 主机同步时间】，SSH 访问为【已启用】，然后单击【下一步】按钮。

图 3-46 【设备配置】界面

（3）在如图 3-47 所示的【SSO 配置】界面中，按表 3-3 设置 SingleSign-On 的域名、密码及站点名称等信息，单击【下一步】按钮。

图 3-47 【SSO 配置】界面

SSO 作为 vsphere 平台的身份验证代理程序，其作用是连接 vCenter 与主机通信的重要认证手段，其密码一旦设置，将不能修改，所以请谨慎设置。

（4）在如图 3-48 所示的【配置 CEIP】界面中，勾选【加入 VMware 客户体验提升计划（CEIP）】复选框，单击【下一步】按钮。

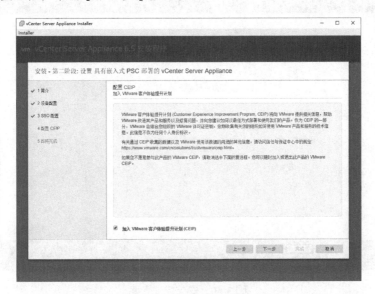

图 3-48 【配置 CEIP】界面

（5）在如图 3-49 所示的【即将完成】界面中，确认系统配置信息无误后，单击【完成】按钮，在弹出的警告对话框中，单击【确定】按钮。

图 3-49 【即将完成】界面

（6）安装完成后界面如图 3-50 所示，单击【关闭】按钮，结束安装。

图 3-50　安装完成界面

3. 任务验证

（1）在 PC 中，通过浏览器打开 vCenter Server 管理页面，地址为 http://192.168.30.100/，单击【vSphere Web Client(Flash)】链接进入登录界面，如图 3-51 所示。

图 3-51　通过浏览器访问 http://192.168.30.100

（2）输入 vCenter 的默认管理账号【administrator@vsphere.local】，密码为【Jan16@123】，如图 3-52 所示，登录到 vCenter 的管理页面。

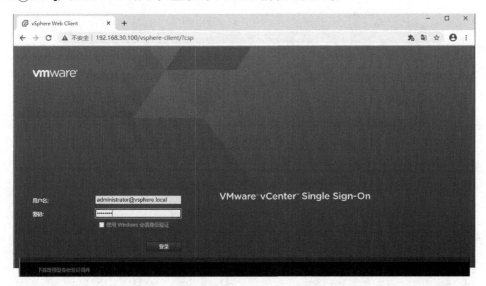

图 3-52　vCenter Single Sign-On 登录

（3）选中右侧【摘要】选项卡，可以查看 vCenter 的系统摘要信息，如图 3-53 所示。

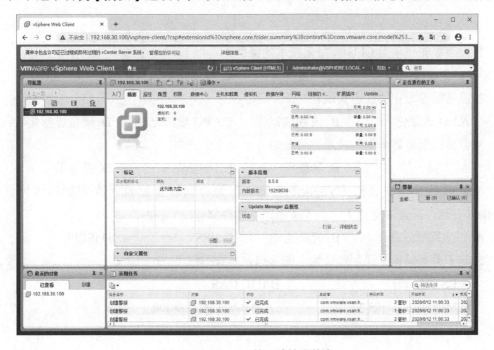

图 3-53　vCenter 的系统摘要信息

课后练习

一、单选题

1. 以下不属于云计算的基本三层架构的是（   ）。
   A.Software as a Service (SaaS)　　　　B.CPU as a Service (CaaS)
   C.Infrastructure as a Service (IaaS)　　D.Platform as a Service (PaaS)

2. 以下不属于 VSphere 组件的是（   ）。
   A.ESXi　　B.VCenter Server　　C.Openfiler　　D.vStorage VMFS

3. 以下不是常见的虚拟化平台的是（   ）。
   A.Microsoft Hyper-V　　　　B.VMware VSphere
   C.Microsoft office　　　　　D.Citrix XenServer

4. 云计算按部署来分可以分为（   ）。
   A. 公有云、私有云、混合云　　　B. 私有云、公有云、综合云
   C. 综合云、混合云、私有云　　　D. 综合云、公有云、混合云

5. 将一台计算机虚拟为多台逻辑计算机的过程，叫作（   ）。
   A. 虚拟化技术　　B. 网络存储技术　C.LUN 技术　　D.ISCSI 技术

二、多选题

1. 以下哪些技术是 CPU 虚拟化技术的类型（   ）。
   A. 全虚拟化　　B. 半虚拟化　　C. 硬件辅助虚拟化　D. 平台虚拟化

2. 服务器虚拟化的底层实现包括（   ）。
   A.I/O 虚拟化　　B. 内存虚拟化　　C.CPU 虚拟化　　D. 硬盘虚拟化

3. 目前的服务器虚拟化技术，可分为（   ）个方向。
   A. 多虚一　　　B. 物联网　　　C. 一虚多　　　D. 多虚多

4. 管理员正在安装新的 vSphere 环境。已为存储设备配置了专用的以太网网络。vSphere 在这种配置中支持（   ）类型的共享存储。
   A. 以太网光纤通道　　B. 光纤通道　　C.NFS　　D.iSCSI

5. 属于原生架构（裸金属架构）的虚拟化系统的是（   ）。
   A.ESX Server　　　　　　B.H3C CAS
   C.Microsoft Hyper-V　　　D.VMware Worksation

项目 4

云存储的配置与管理

云计算中心运维服务

学习目标

（1）掌握存储的基本概念和架构。
（2）掌握 RAID 磁盘阵列的基本概念和常见应用。
（3）能对存储服务器进行初始化配置。
（4）能通过 FC SAN 为计算机节点分配存储空间。

项目描述

Jan16 公司的云数据中心项目已完成基础网络搭建和计算节点的虚拟化部署。存储节点 SN 通过光纤链路 FC 与计算节点 CN1 和 CN2 连接，云数据中心网络拓扑如图 4-1 所示。

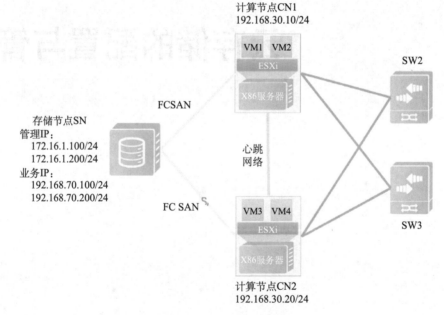

图 4-1　云数据中心网络拓扑

存储节点 SN 已经部署了 4 个硬盘，硬盘信息见表 4-1 所示。

表 4-1　存储服务器硬盘信息

位置	磁盘容量	磁盘类型	角色
0	4TB	HDD	空闲盘
1	4TB	HDD	空闲盘

续表

位置	磁盘容量	磁盘类型	角色
2	4TB	HDD	空闲盘
3	4TB	HDD	空闲盘

计算节点的 FC HBA 端口的基本信息见表 4-2。

表 4-2　FC HBA 端口的基本信息

主机名	FC 端口号	WWPN
CN1	Vmhba3	21:00:2c:97:b1:7c:30:7e
CN1	Vmhba4	21:00:2c:97:b1:7c:30:7f
CN2	Vmhba3	21:00:2c:97:b1:7c:30:56
CN2	Vmhba4	21:00:2c:97:b1:7c:30:57

存储服务器需要为计算节点提供存储空间服务，这些服务对象的相关信息见表 4-3。

表 4-3　存储服务对象信息

序号	存储服务对象名称	功能应用	操作系统	IQN/IP
1	CN1	计算节点	ESXi	192.168.30.10
2	CN2	计算节点	ESXi	192.168.30.20

通过调研，需要存储服务器提供的存储空间信息见表 4-4。

表 4-4　存储空间信息

序号	服务器名称	容量需求	服务方式	用途
1	CN1/CN2	5GB	FC-SAN	Vsphere 高可用集群仲裁
2	VM1	100GB	FC-SAN	Web 站点服务
3	VM2	100GB	FC-SAN	FTP、DNS 服务
		500GB	FC-SAN	FTP 站点数据存储
4	VM3	100GB	FC-SAN	ERP 系统
5	VM-Win	100GB	FC-SAN	Windows 系统虚拟机模板
6	VM-Linux	100GB	FC-SAN	Linux 系统虚拟机模板

为响应各服务器的存储空间需求，公司要求存储工程师根据规划在存储服务器上创建存储空间，供计算节点连接并使用。

项目分析

根据项目背景和需求情况进行统计，虚拟化平台的存储空间需求为 1005GB，根据工程经验，存储空间冗余率应大于 50%，因此，本存储服务器的容量应大于 2TB。

在联想存储服务器中，使用卷组和卷来组织存储空间，其中一个卷组可以包含多个卷，每个卷组对应一个主机集群。同时，为保证数据的安全性，联想存储服务器提供了性价比较高的 RAID-5 卷组。在联想存储服务器中，卷组就是存储池，卷组规划见表 4-5。

表 4-5 卷组规划

序号	卷组名称	RAID 级别	容量	磁盘成员位置
1	ESXi-FC	RAID 5	12TB	0、1、2、3

根据表 4-4 所示的业务需求，本项目有两种存储数据需求，分别为仲裁磁盘数据存储和虚拟机系统及业务数据存储，其中仲裁磁盘数据存储空间要求为 5GB，系统及业务数据存储空间要求为 2TB。综上，卷的规划见表 4-6。

表 4-6 卷规划

序号	卷名称	容量	目标	隶属卷组
1	ESXi-FC-HA	5GB	CN1/CN2	ESXi-FC
2	ESXi-FC-VM	2TB	CN1/CN2	ESXi-FC

存储服务器使用主机及主机集群来管理接入服务器，一个主机集群包含多台同一属性的接入服务器，通过卷组与主机集群的一对一绑定来实现存储空间的分配。主机集群名称规划见表 4-7。

表 4-7 主机集群名称规划

主机集群名称	包括的主机
ESXi-CN	CN1、CN2

计算节点服务器与存储节点的 FC 端口连接情况见表 4-8。

表 4-8 FC 端口连接情况

存储节点		计算节点	
名称	存储 FC 端口	名称	FC 端口号
SN	0a	CN1	Vmhba3
SN	0b	CN1	Vmhba4
SN	0c	CN2	Vmhba3
SN	0d	CN2	Vmhba4

根据以上业务规划，需通过以下几个任务完成存储服务器部署。
（1）存储服务器的基本配置。
（2）配置存储的卷组和卷。
（3）创建主机及主机集群。
（4）为主机分配存储卷，挂载存储空间。

项目相关知识

3.1 存储的基础知识

1. 存储的基本概念

存储就是根据不同的应用环境通过采取合理、安全和有效的方式将数据保存到介质上且能保证有效的访问，常见的存储介质有光盘和硬盘。存储的三个重要特点如下。
（1）存储的实体保存在介质上，且具有安全性。
（2）存储的实体要确保能被有效访问。
（3）具有存储管理功能。

2. 存储系统的基本架构

存储系统的基本架构主要包括直连存储（DAS）、网络附加存储（NAS）和存储区域网络（SAN）三种。
（1）DAS（Direct Attached Storage）直连存储：存储设备通过电缆（通常是 SCSI 接口电缆）直接连到服务器，I/O 请求直接发送到存储设备。
（2）NAS（Network Attached Storage）网络附加存储：将存储设备连接到现有的网络

上，并提供数据和文件服务。其中，Linux 系统主要通过 NFS 访问 NAS，Windows 系统主要通过 CIFS 访问 NAS。

（3）SAN（Storage Area Network）存储区域网络：通过网络将存储系统、服务器和客户端相互连接的架构，可以分为 FC SAN 和 IP SAN 两种。

FC SAN 是应用光纤技术的 SAN，传输介质为光纤，其性能在 SAN 中最高。FC SAN 主要采用光纤通道协议 FCP（Fibre Channel Protocol），通过 FC 交换机等连接设备，以块的方式对数据进行存取访问。通过 FCP 不但可以传输大块数据，还能够实现较远距离传输。

随着存储技术的发展，目前基于 TCP/IP 的 IP-SAN 也得到很广泛的应用。IP-SAN 具备很好的扩展性、灵活的互通性，并能够突破传输距离的限制，具有明显的成本优势和管理维护容易等特点。

3.2 RAID 介绍

RAID（Redundant Array of Independent Disks），即独立磁盘冗余阵列。RAID 技术产生的主要初衷是为大型服务器提供高端的存储功能和冗余的数据安全。在系统中，RAID 被看作是由多个硬盘（最少 2 块）组成的一个逻辑分区，它通过在多个硬盘上同时存储和读取数据来大幅提高存储系统的数据吞吐量（Throughput），由于在很多 RAID 模式中都有较为完备的相互校验/恢复的措施，甚至是直接的相互镜像备份，因此大大提高了 RAID 系统的容错度，同时也提高了系统的稳定冗余性。

RAIA 级别有 RAID0、RAID1、RAID3、RAID5、RAID6、RAID0+1、RAID10、RAID50 等。

RAID 0 以带区形式在两个或多个物理磁盘上存储数据，数据被交替、平均地分配给这些磁盘并行读写。在所有级别中，RAID 0 的速度是最快的，但不具有冗余功能。RAID 0 的工作原理如图 4-2 所示。

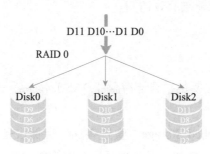

图 4-2　RAID 0 的工作原理

RAID 1 是将相同数据同时复制到两组物理磁盘中的，如果其中的 1 组磁盘出现故障，系统能够继续使用尚未损坏的磁盘，可靠性最高，但是其磁盘的利用率却只有 50%，是所有 RAID 级别中磁盘利用率最低的一个。RAID 1 的工作原理如图 4-3 所示。

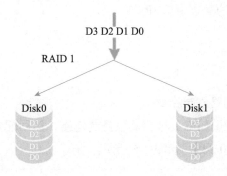

图 4-3　RAID 1 的工作原理

RAID5 是向阵列中的磁盘写数据，将数据段的奇偶校验数据交互地存放于各个硬盘中的。任何一个硬盘损坏，都可以根据其他硬盘上的校验位来重建损坏的数据。RAID 5 中的 1 个阵列至少需要 3 个物理驱动器，硬盘的利用率为 $\frac{n-1}{n}$。RAID 5 的工作原理如图 4-4 所示。

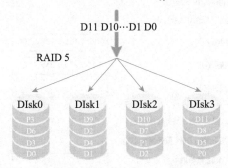

图 4-4　RAID 5 的工作原理

任务 4-1　存储服务器的基本配置

1. 任务规划

为实现存储服务器的远程管理，需要对存储服务器进行初始化配置，主要修改管理端口 IP、添加网关等，还需要检查磁盘的工作状态是否正常。联想 DE2000H 存储服务器出厂状态的管理端口 IP 地址为【http://192.168.128.101】，默认账号是【admin】，默认密码是【!manage123】。本任务将使用 PC 连接到存储服务器，完成存储的基本配置，实施步骤如下：

（1）更改存储服务器的管理员密码。

（2）设置存储服务器的管理端口 IP。

2. 任务实施

1）更改存储服务器的管理员密码

（1）使用网线将客户机（PC）与存储服务器连接，然后配置客户机的 IP 地址，IP 地址设置为【192.168.128.100/24】，如图 4-5 所示。

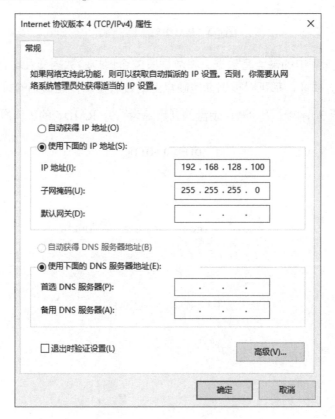

图 4-5　设置 IP 地址

（2）在 PC 端打开浏览器，输入存储节点 CN 的管理端口 IP 地址【192.168.128.101】，打开如图 4-6 所示的存储管理登录页面，默认用户名为【admin】，默认密码为【!manage123】。

图 4-6 存储管理登录界面

（3）进入后，在图 4-7 所示存储管理主界面中可以看到，存储服务器型号为【DE2000H】，有 4 个磁盘，总容量为 14902.09GB。

图 4-7 存储管理主界面

（4）单击左侧【设置】项，打开如图 4-8 所示的存储管理设置界面。

图 4-8　存储管理设置界面

（5）单击【访问管理】图标，进入如图 4-9 所户的本地用户角色的配置页面。

图 4-9　本地用户角色的配置界面

（6）选择管理员用户【admin】，单击【更改密码】按钮，如图 4-10 所示。

图 4-10　更改管理员密码一

（7）在弹出如图 4-11 所示的对话框中设置管理员密码为【Jan16@123】，单击【更改】按钮。

图 4-11　更改管理员密码二

2）设置存储服务器的管理端口 IP

（1）单击左侧【硬件】项,打开如图 4-12 所示的硬件配置界面。

图 4-12　硬件配置界面

（2）设置控制器存储架,在【图注】中单击【显示存储架背面】,切换到如图 4-13 所示的存储架背面配置界面。

图 4-13　存储架背面配置界面

项目4 云存储的配置与管理

（3）单击【控制器 B】，在如图 4-14 所示的快捷菜单中选择【配置管理端口】选项。

图 4-14 控制器 B 快捷菜单

（4）配置管理端口，在如图 4-15 所示的【配置管理端口】界面中，设置控制器 B 中【端口 P1】的网络，单击【下一步】按钮。

图 4-15 配置管理端口一

（5）在如图 4-16 所示的【配置管理端口】界面中，勾选【启用 IPv4】复选框，单击【下一步】按钮。

（6）在如图 4-17 所示的【配置管理端口】界面中，选中【手动指定静态配置】单选按钮，输入对应的管理端口 IP，单击【完成】按钮。

图 4-16　配置管理端口二

图 4-17　配置管理端口三

3. 任务验证

（1）在 PC 端打开浏览器，输入存储节点 CN 的管理端口 IP 地址【172.16.1.100】，打开如图 4-18 所示的存储管理登录界面，输入用户名【admin】，密码为【Jan16@123】。

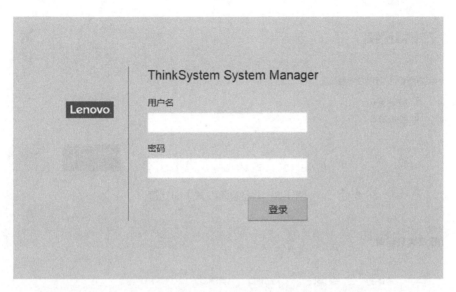

图 4-18 存储管理登录界面

（2）单击左侧【硬件】项，打开如图 4-19 所示的硬件配置界面，单击【控制器】图标。

图 4-19 硬件配置界面

（3）在如图 4-20 所示的对话框中，选中【控制器 B】单选按钮，单击【下一步】按钮。

（4）在如图 4-21 所示的对话框中，单击【管理端口】选项卡，查看【管理端口 P1 IPV4 设置】中 IP 地址是否为【172.16.1.100】。

图 4-20 【控制器设置】对话框

图 4-21 【控制器 B 设置】对话框

任务 4-2　配置存储的卷组和卷

1. 任务规划

在本项目中，需要建立一个用于 ESXi 主机的卷组，并分配两个存储空间，其中一个为 5GB，是用于 HA 心跳检测，另一个为 2TB，用于虚拟机的存储。本任务的实施步骤

如下:
(1)在存储服务器上创建 Raid-5 卷组。
(2)在存储服务器上创建卷。

2. 任务实施

1)在存储服务器上创建 Raid-5 卷组

(1)单击硬件配置界面左侧【存储】项,打开如图 4-22 所示的存储配置界面。

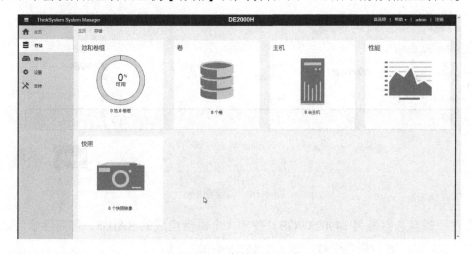

图 4-22　存储配置界面

(2)单击【池和卷组】图标,打开池和卷组配置界面,如图 4-23 所示。

图 4-23　池和卷组配置界面

(3)单击【创建】图标,在弹出的快捷菜单中选择【卷组】,设置名称为【ESXi-FC】,在 RAID 级别中选择【5】;选择容量[11161.56GB],单击"创建"按钮,使用全部

4个磁盘来创建卷组，如图4-24所示。

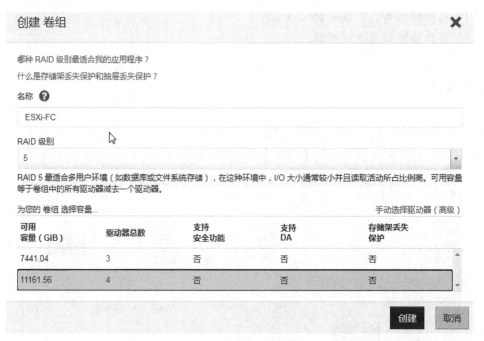

图4-24 创建卷组

备注：磁盘总容量为14902.09GB，使用4个磁盘组成的RAID5，可用容量为磁盘总容量的$(n-1)/n$，n为磁盘个数，约为11161.56GB。

（4）打开池和卷组配置界面，从中可以看到按任务要求创建完成的卷组，结果如图4-25所示。

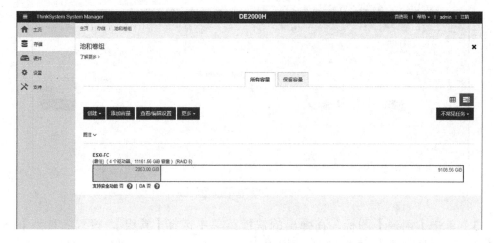

图4-25 卷组详细信息

2）在存储服务器上创建卷

（1）打开存储配置界面，可以看到 1 个卷组，结果如图 4-26 所示。

（2）在如图 4-27 所示的卷配置界面中，单击【创建】图标，在弹出的快捷菜单中选择【卷】选项，进入创建卷界面。

（3）在如图 4-28 所示的创建卷界面中，从下拉列表中选择【稍后分配主机】选项，单击【下一步】按钮。

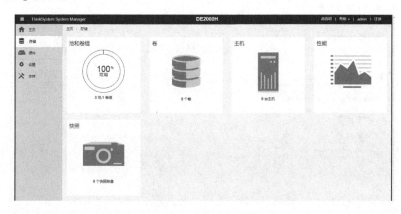

图 4-26　存储配置界面

图 4-27　卷配置界面

图 4-28　创建卷界面

（4）创建新工作负载，选择工作负载的应用程序，在下拉列表中选择【VMware VMFS】选项，工作负载名称为【vmware_vmfs_workload】，单击【下一步】按钮，如图4-29所示。

图 4-29　选择工作负载

（5）根据需求分析，在如图4-30所示的界面中创建两个数据存储，单击【下一步】按钮。

图 4-30　配置数据存储数

（6）在如图4-31所示的界面中，数据存储1设为5GB，数据存储2设置为2TB，单击【下一步】按钮。

（7）在如图4-32所示的界面中，设置两个数据存储的名称分别为【ESXi-FC-HA】和【ESXi-FC-VM】，单击【下一步】按钮。

项目4 云存储的配置与管理

图 4-31 设置数据存储的大小

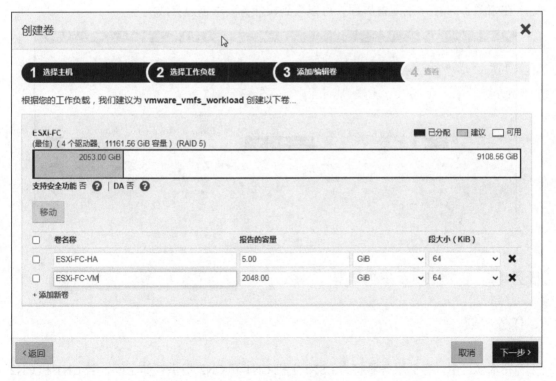

图 4-32 设置卷名称

（8）在如图 4-33 所示的界面中，确认配置信息无误后单击【完成】按钮。

图 4-33　确认配置信息

3. 任务验证

在如图 4-34 所示的配置界面，可以看到按任务要求创建完成的卷。

图 4-34　卷详细信息

任务 4-3　创建主机及主机集群

1. 任务规划

在本项目中，存储服务器将为 ESXi 主机 CN1 和 CN2 提供存储空间，若 CN1 和 CN2 连接到存储服务器则需要在存储服务器中创建主机信息，并绑定到同一个主机集群当中。本任务的实施步骤如下：

（1）在存储服务器上创建主机。
（2）在存储服务器上创建主机集群。

2. 任务实施

1）在存储服务器上创建主机

（1）在如图 4-35 所示存储配置界面中，单击【主机】图标，打开主机配置界面。

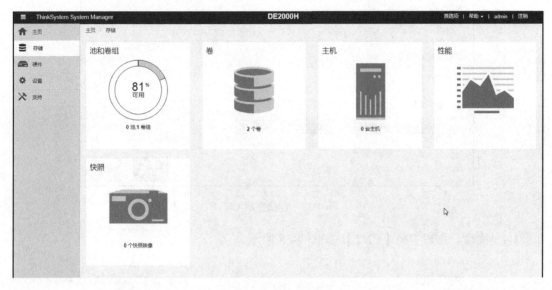

图 4-35　存储配置界面

（2）在如图 4-36 所示界面中，单击【创建】图标，在快捷菜单中选择【创建主机】选项，创建新的主机。

图 4-36　选择【创建主机】选项

（3）在弹出如图 4-37 所示的界面中，输入主机名【CN1】，在主机操作系统类型中选择【VMware】选项，主机端口选择对应端口号，单击【创建】按钮。

图 4-37　创建主机 CN1

（4）同理，创建主机【CN2】，如图 4-38 所示。

图 4-38　创建主机 CN2

项目 4　云存储的配置与管理

（5）创建完成后，可以在如图 4-39 所示的界面中看到【CN1】和【CN2】两台主机的相关信息。

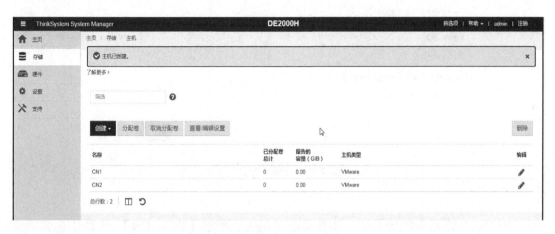

图 4-39　主机信息

2）在存储服务器上创建主机集群

（1）在如图 4-40 所示的界面中，单击【创建】图标，在快捷菜单中选择【主机集群】选项。

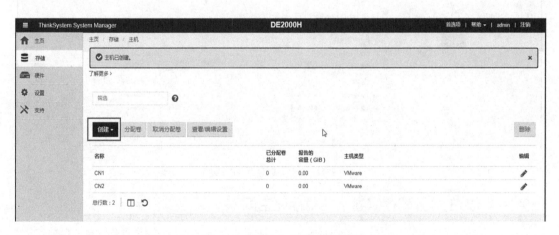

图 4-40　选择【主机集群选项】

（2）在弹出的如图 4-41 所示的创建主机集群界面中，输入名称为【ESXi-CN】，并将主机【CN1】和【CN2】加入该集群中，单击【创建】按钮。

107

图 4-41　创建主机集群界面

3. 任务验证

在如图 4-42 所示的界面中，能看见新建的主机集群【ESXi-CN】，集群中包含两个主机。

图 4-42　主机集群详细信息

任务 4-4　为主机分配存储卷，挂载存储空间

1. 任务规划

卷组及主机集群创建完成后，需要将两者进行一对一的绑定，还可以将存储空间分配到 ESXi 主机上。本任务的实施步骤如下：

（1）在存储服务器上为 ESXi 主机分配卷，挂载存储空间。

（2）在 ESXi 主机上创建数据存储。

项目4 云存储的配置与管理

2. 任务实施

1）分配卷，挂载存储空间

（1）在如图 4-43 所示的主机界面中，选择主机集群【ESXi-CN】，单击【分配卷】图标。

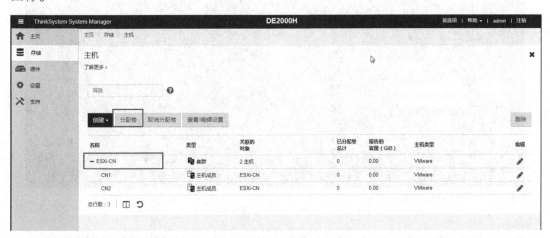

图 4-43 主机界面

（2）在弹出的如图 4-44 所示的对话框中，勾选两个卷【ESXi-FC-HA】和【ESXi-FC-VM】复选框，单击【分配】按钮，完成存储空间的绑定。

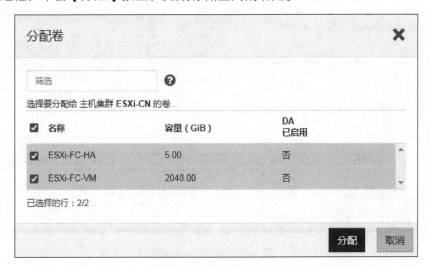

图 4-44 分配卷

（3）在 PC 上使用浏览器访问 http://192.168.30.10，进入如图 4-45 所示的 ESXi 登录界面，

输入用户名【root】和密码【Jan16@123】，单击【登录】按钮进入 ESXi 主机的管理界面。

（4）在【导航器】中单击【存储】项，打开【设备】选项卡，在如图 4-46 所示界面中这可以看到存储空间已经被挂载到 ESXi 主机上。

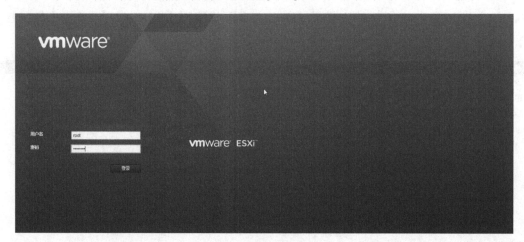

图 4-45　ESXi 登录界面

图 4-46　存储设备信息

2）在 ESXi 主机上创建数据存储

（1）在如图 4-47 所示的数据存储界面中，单击【新建数据存储】图标。

图 4-47　数据存储界面

（2）在图 4-48 所示的选择创建类型界面中，单击【创建新的 VMFS 数据存储】选项，单击【下一步】按钮。

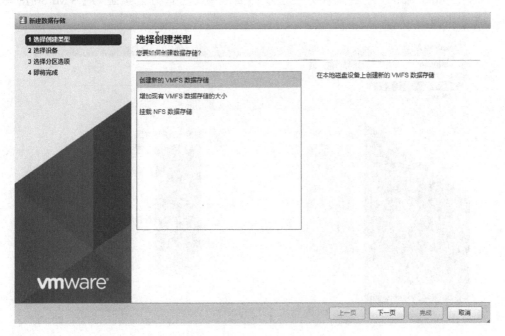

图 4-48　新建数据存储

（3）在如图4-49所示的选择设备界面中，选择LENOVO存储大小为5GB的设备，名称为【FC-HA】，单击【下一步】按钮。

图4-49　选择设备界面

（4）在如图4-50所示的选择分区选项界面框中，选择分区类型为【VMFS6】，单击【下一步】按钮。

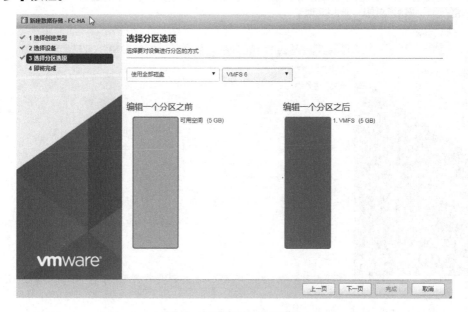

图4-50　选择分区选项界面

项目4　云存储的配置与管理

（5）在如图 4-51 所示的即将完成界面中，确认配置信息无误后，单击【完成】按钮。
（6）在弹出的如图 4-52 所示的【警告】对话框中，单击【确定】按钮。

图 4-51　确认配置信息

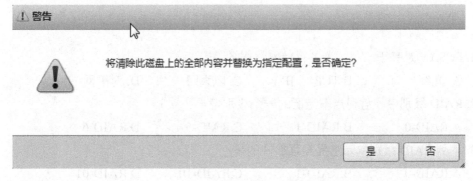

图 4-52　【警告】对话框

（7）同理，添加 FC-VM。

3. 任务验证

登录 ESXi 主机，在导航器界面中单击【存储】选项，打开【数据存储】选项卡，在如图 4-53 所示的界面中，查看新增完成的数据存储【FC-VM】和【FC-HA】。

图 4-53 数据存储详细信息

一、单选题

1. FCSAN 是基于（　　）的存储网络服务。

　　A. 光纤　　　　　B.TCP／IP　　　C. 以太网　　　　D. 对等网

2. RAID 级别中硬盘利用率最低的一个级别是（　　）。

　　A.RAID-0　　　　B.RAID-1　　　　C.RAID-5　　　　D.RAID-6

3. 下列 RAID 级别中无法提高可靠性的是（　　）。

　　A.RAID-0　　　　B.RAID-1　　　　C.RAID-10　　　　D.RAID-01

4. 目前（　　）硬盘接口传输速率最快。

　　A.SAS　　　　　B.FC　　　　　　C.SCSI　　　　　D.FC

5. 以下（　　）不是 SAN 与 NAS 的差异。

　　A.NAS 设备拥有自己的文件系统，而 SAN 没有

　　B.NAS 适合于文件传输与存储，而 SAN 对于块数据的传输和存储效率更高

　　C.SAN 可以扩展存储空间，而 NAS 不能

　　D.SAN 是一种网络结构，而 NAS 是一个专用型的文件存储服务器

二、多选题

1. RAID-5 阵列的特点是（　　）。
   A. 较大的存储利用率　　　　　　　　B. 读写速度快
   C. 读取速度快　　　　　　　　　　　D. 具有一定的备份功能

2. 云存储的结构模型分别为（　　）。
   A. 存储层　　　B. 基础管理层　　　C. 应用接口层　　　D. 访问层

3. SAN 的传输类型包括（　　）。
   A.IP　　　B.FC　　　C.SAS　　　D.SCSI

4. 下列 RAID 技术中采用奇偶校验方式来提供数据保护的是（　　）。
   A.RAID-1　　　B.RAID-3　　　C.RAID-5　　　D.RAID-10

5. 下列说法中不正确的是（　　）。
   A. 由几个硬盘组成的 RAID 称为物理卷
   B. 在物理卷的基础上可以按照指定容量创建一个或多个逻辑卷，通过 LVN 来标识
   C. RAID-5 能够提高读写速率，并提供一定程度的数据安全，但是当有单块应按故障时，读写性能会大幅度下降
   D. RAID-6 从广义上讲是指能够允许两个硬盘同时失效的 RAID 级别；从狭义上讲，特指 HP 的 ADG 技术

三、项目实训题

1. 项目背景及要求

Jan16 公司购置了一个新的存储服务器，并配置了 6 个 2TB 的硬盘，为应用服务器提供存储空间，网络拓扑如图 4-54 所示。存储服务器硬盘信息表见表 4-6。

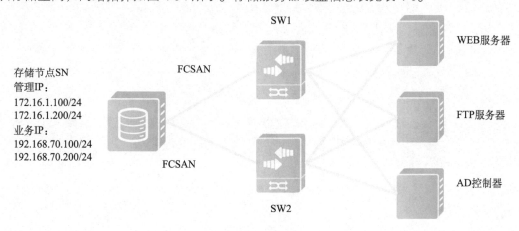

图 4-54　网络拓扑

表 4-6　存储服务器硬盘信息表

位置	磁盘容量	磁盘类型	角色
0	2TB	HDD	空闲盘
1	2TB	HDD	空闲盘
2	2TB	HDD	空闲盘
3	2TB	HDD	空闲盘
4	2TB	HDD	空闲盘
5	2TB	HDD	空闲盘

现需对存储服务器进行配置，为应用服务器创建存储空间，具体见表 4-7。

表 4-7　应用服务器存储空间需求

序号	服务器名称	容量需求	用途	性能要求
1	Web	100GB	Web 站点数据	冗余备份、高速读取
2	FTP	500GB	FTP 站点数据	高速读写
3	AD 控制器	100GB	数据备份	冗余备份

2. 实践要求

（1）完成存储服务器的基本配置，并将管理 IP 设为 172.16.1.100/24、172.16.1.200/24。

（2）为 web 服务器创建 100GB 的存储空间，采用 RAID-5 磁盘阵列。

（3）为 FTP 服务器创建 500GB 的存储空间，采用 RAID-0 磁盘阵列。

（4）为 AD 域控制器创建 100GB 的存储空间，用 RAID-1 磁盘阵列。

项目 5

部署高可用的企业基础服务

云计算中心运维服务

学习目标

① 掌握高可用群集的配置。
② 掌握虚拟机的配置与管理。
③ 掌握虚拟网络的配置。

项目描述

Jan16 公司购置了两台计算节点服务器和一台存储服务器,用于建设高可用的云数据中心。目前,计算节点服务器和存储服务器已完成前期的系统安装和存储空间发布。现需要对 vSphere 平台进行配置,部署高可用的企业基础服务,并完成虚拟机的部署。云数据中心网络拓扑如图 5-1 所示。

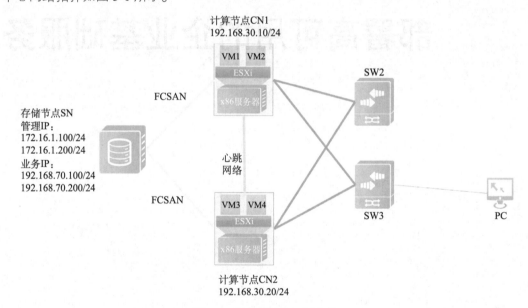

图 5-1 云数据中心网络拓扑

虚拟化平台共享存储信息见表 5-1。

表 5-1 虚拟化平台共享存储信息

存储空间	连接方式	容量	用途	连接主机
ESXi-FC-HA	FCSAN	5GB	心跳存储	CN1、CN2
ESXi-FC-VM	FCSAN	2TB	虚拟机存储	CN1、CN2

项目 5 部署高可用的企业基础服务

虚拟化平台当前网络连接信息见表 5-2。

表 5-2　虚拟化平台网络连接信息

序号	计算节点	网卡名称	速度	上行交换机	交换机端口
1	CN1	vmnic4	1000Mbps	SW2	GE0/0/5
2	CN1	vmnic5	1000Mbps	SW3	GE0/0/5
3	CN1	vmnic6	1000Mbps	SW2	GE0/0/1
4	CN1	vmnic7	1000Mbps	SW3	GE0/0/2
5	CN2	vmnic4	1000Mbps	SW2	GE0/0/6
6	CN2	vmnic5	1000Mbps	SW3	GE0/0/6
7	CN2	vmnic6	1000Mbps	SW2	GE0/0/1
8	CN2	vmnic7	1000Mbps	SW3	GE0/0/2

虚拟化平台各服务器的 IP 地址见表 5-3。

表 5-3　虚拟化平台各服务器的 IP 地址

序号	服务器名称	适配器名称	IP 地址
1	CN1	vmk0	192.168.30.10/24
2	CN2	vmk0	192.168.30.20/24
3	vCenter	本地链接	192.168.30.100/24

虚拟机基本配置需求见表 5-4。

表 5-4　虚拟机基本配置需求

虚拟机名称	操作系统	CPU	内存	磁盘容量	磁盘要求	网卡数量
VM1	Win2019	2 核	6G	100GB	高 I/O	1 个
VM2	CentOS 8	2 核	4G	100GB+500GB	高可靠 高 I/O	1 个
VM3	CentOS 8	2 核	4G	100GB	高可靠	1 个

虚拟机网络配置需求见表 5-5。

表 5-5　虚拟机网络配置需求

序号	虚拟机名称	IP 地址	VLAN ID
1	VM1	192.168.10.101/24	VLAN10
2	VM2	192.168.20.101/24	VLAN20
3	VM3	192.168.20.253/24	VLAN20
5	vCenter	192.168.30.100/24	VMnetwork

为部署高可用的企业基础服务，公司要求虚拟化工程师根据以上规划表完成虚拟机的部署。

项目分析

根据项目描述，虚拟化平台已具备组建高可用群集的基础。在 vSphere 平台中，每个主机需要 2 块以上的物理网卡组建主机群集的心跳网络，通过虚拟交换机 vSwitch0 中的 VMkernel 网卡 vmk0 进行检测，同时该网卡的 IP 也作为主机的管理端口 IP。虚拟机的业务系统发布到物理网络中，故在虚拟网络中应创建分布式虚拟交换机 DSwitch，并绑定专属的网卡，连接物理网络。为满足平台管理和虚拟机业务应用的需求，应为平台创建独立的管理网络和分布式虚拟网络，用于主机群集的心跳检测及虚拟机的业务应用。因此，对各主机的网卡进行分配，配置规划表见表 5-6。

表 5-6　虚拟网络配置规划表

序号	计算节点	网卡名称	速度	所属虚拟交换机	用途
1	CN1	vmnic4	1000Mbps	vSwitch0	管理及心跳网络
2	CN1	vmnic5	1000Mbps	vSwitch0	管理及心跳网络
3	CN1	vmnic6	1000Mbps	DSwitch	虚拟网络上行链路
4	CN1	vmnic7	1000Mbps	DSwitch	虚拟网络上行链路
5	CN2	vmnic4	1000Mbps	vSwitch0	管理及心跳网络
6	CN2	vmnic5	1000Mbps	vSwitch0	管理及心跳网络
7	CN2	vmnic6	1000Mbps	DSwitch	虚拟网络上行链路
8	CN2	vmnic7	1000Mbps	DSwitch	虚拟网络上行链路

项目5 部署高可用的企业基础服务

高可用群集心跳网络的配置规划表见表 5-7。

表 5-7 心跳网络规划表

计算节点	虚拟交换机	VMkernel 网卡	上行端口	IP 地址
CN1	vSwitch0	vmk0	vmnic4、vmnic5	VLAN30
CN2	vSwitch0	vmk0	vmnic4、vmnic5	VLAN30

虚拟机需接入到不同的 VLAN，所以在分布式交换机中还需为 VLAN10、VLAN20 创建专属的端口组，虚拟端口组规划表见表 5-8。

表 5-8 虚拟端口组规划表

虚拟端口组名称	所属交换机	端口数量	所属 VLAN
Production VLAN10	DSwitch	2	VLAN10
Production VLAN20	DSwitch	2	VLAN20

在当前的业务系统中，主要采用 Windows Server 2019 和 CentOS 8 两种操作系统，为实现虚拟机的快速部署，应采用虚拟机模板克隆的方式，故需创建相应的虚拟机模板，虚拟机模板规划表见表 5-9。

表 5-9 虚拟机模板规划表

虚拟机模板	操作系统	CPU	内存	虚拟磁盘
VM-Win	Windows server 2019	2 核	4GB	100GB
VM-Linux	CentOS 8	2 核	4GB	100GB

根据以上业务规划，虚拟化平台需通过以下几个工作任务完成服务部署。
（1）创建高可用主机群集。
（2）创建虚拟机模板。
（3）创建分布式交换机。
（4）通过虚拟机模板部署虚拟机，并加入虚拟网络。

项目相关知识

5.1 虚拟机高可用性

高可用性（High Availability，HA）通常用来描述一个系统为了避免故障，经由专门的设计保持服务的高度可用性。HA 是评价企业网络运行环境是否稳定的重要指标之一。

VMware 的 HA 群集是一个逻辑队列，它一般包含两个或者两个以上主机。HA 群集中的每台 VMware ESXi 服务器都配有一个 HA 代理，通过心跳网络和共享存储持续检测群集中其他主机的心跳信号。假如某台 ESXi 主机在连续三个时间间隔后还没有发出心跳信号，同时共享存储上的主机记录没有更新，那么该主机将判定为发生了系统故障或者网络连接出现了问题。

vSphere HA 实现的高可用性是虚拟化级别的，具体来说，当一台 ESXi 主机发生硬件或网络中断故障时，该主机上运行的虚拟机能够自动在其他 ESXi 主机上重新启动，同时，成功启动的虚拟机可以继续提供应用服务，从而最大限度地保证服务不中断。

5.2　虚拟交换机

1. 虚拟交换机的基本概念

虚拟交换机是将虚拟机之间的网络流量链接到物理网络的一种组件。其主要功能是实现 ESXi 主机、虚拟机和物理网络之间的通信，虚拟交换机能够基于 MAC 地址转发数据帧，并且支持 VLAN 的配置和 IEEE802.1Q 中继。

2. 虚拟交换机的分类

vSphere 平台中，虚拟交换机主要分为标准交换机和分布式交换机两种。

（1）标准交换机

vSphere 标准交换机（vSphere Standard Switch，vSS）是由 ESXi 主机虚拟出来的交换机。标准交换机每次进行配置修改都要在所有 ESXi 主机上进行重复操作，增加了管理成本，并且在主机之间迁移虚拟机时，会重置网络连接状态，加大了监控和故障排除的复杂程度。标准交换机的拓扑如图 5-2 所示。

（2）分布式交换机

分布式交换机（vSphere Distributed Switch，vDS）是以 vCenter Server 为中心创建的虚拟交换机。建立在群集的基础之上，可以在群集内跨主机进行交换，虚拟机可在跨多个主机进行迁移时确保其网络配置保持一致。分布式交换机可以在虚拟机之间进行内部流量转发或通过连接到物理以太网适配器（也称为上行链路适配器）链接到外部网络。使用分布式交换机可以大幅度提高管理员的工作效率。分布式交换机的拓扑如图 5-3 所示。

项目5　部署高可用的企业基础服务

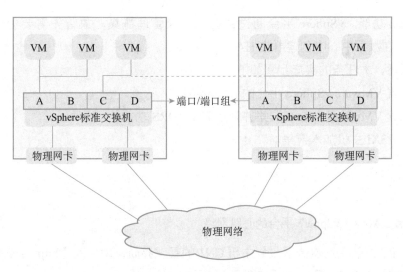

图 5-2　标准交换机的拓扑

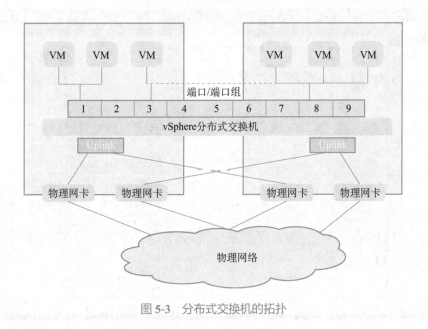

图 5-3　分布式交换机的拓扑

任务 5-1　创建高可用主机群集

1. 任务规划

为组建 VMware vSphere 平台高可用群集的心跳网络，需要为 vSwitch 交换机配置 2 块物理网卡。同时，为实现虚拟机在不同主机之间的迁移，VMkernel 网卡 vmk0 需开启 vMotion 功能。vSphere 平台通过数据中心来管理群集，故首先需要创建数据中心 Datacenter，在数据中心中创建群集 HA。

综上所述，本任务的实施步骤如下：

（1）配置 VMware vSphere 平台的心跳网络。

（2）创建 VMware vSphere 群集并开启 HA、DRS 功能。

（3）将 ESXi 主机加入群集。

2. 任务实施

1）配置 VMware vSphere 平台的心跳网络

（1）在 PC 上使用浏览器登录到主机 CN1 的管理界面，地址为【http://192.168.30.10】，打开后的 VMware ESXi 管理界面如图 5-4 所示。

图 5-4　VMware ESXi 管理界面

（2）在 VMware ESXi 管理界面的导航栏中单击【网络】选项，打开 ESXi 的网络管理界面，单击【虚拟交换机】标签可以打开如图 5-5 所示的虚拟交换机管理界面，从中可以看到默认创建的虚拟交换机 vSwitch0，选中【vSwitch0】，然后单击【编辑设置】，可以进一步对该虚拟交换机进行配置。

项目5 部署高可用的企业基础服务

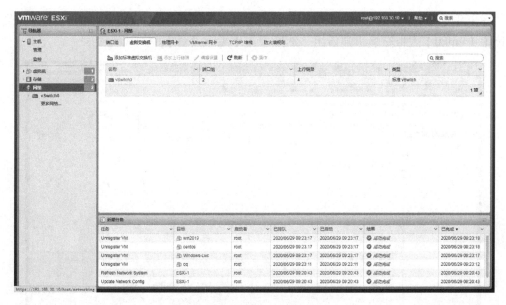

图 5-5 虚拟交换机管理界面

（3）在弹出的如图 5-6 所示的【编辑标准虚拟交换机】对话框中，单击【添加上行链路】图标，然后选中已连接到物理交换机 vlan30 的两个端口——【vmnic4】和【vmnic5】，完成虚拟交换机 vSwitch0 上行链路对应物理网卡信息的添加。

如图 5-6 【编辑标准虚拟交换机】对话框

125

（4）单击【VMkernel 网卡】标签，在打开的如图 5-7 所示的 VMkernel 网卡管理界面中选中【vmk0】虚拟交换机端口组，然后单击【编辑设置】。

图 5-7　VMkernel 网卡管理界面

（5）在弹出的如图 5-8 所示的对话框中，勾选【vMotion】和【管理】复选框，完成 vMotion 功能和管理端口 IP 地址的设置。

图 5-8　【编辑设置 -vmko】对话框

（6）设置完成后，可以查看到相关服务已开启。使用同样的方法完成主机 CN2 的相应设置，结果如图 5-9 所示。

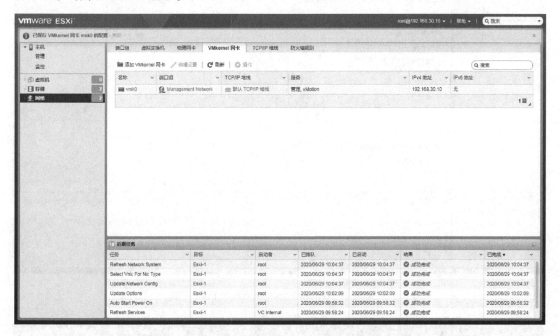

图 5-9　主机 CN2 的相应设置结果

2）创建 VMware vSphere 群集并开启 HA、DRS 功能

（1）在 PC 上使用浏览器访问地址【http://192.168.30.100】，输入用户名和密码后登录到 VMware vSphere Web Client 界面，如图 5-10 所示。

（2）新建数据中心。单击【入门】选项卡中的【创建数据中心】，在弹出的对话框中输入数据中心名称【Datacenter】，如图 5-11 所示。

（3）创建群集。选中右侧导航器中刚创建的数据中心，在【入门】选项卡中单击【创建群集】，在弹出的对话框中输入群集的名称【HA】，勾选 DRS 的【打开】复选框，自动化级别、迁移阈值使用默认值，勾选 vSphere HA 的【打开】复选框，如图 5-12 所示。单击【确定】按钮，完成群集的创建。

（4）在左侧的导航器中可以看到 HA 群集已创建完成，如图 5-13 所示。

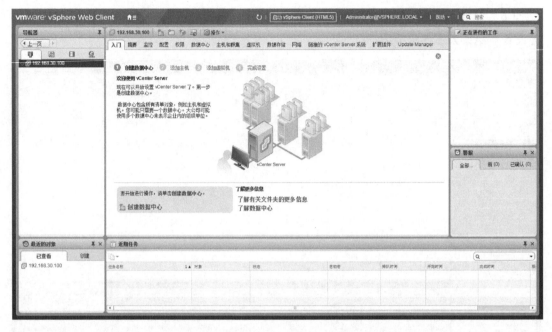

图 5-10　VMware vSphere Web Client 界面

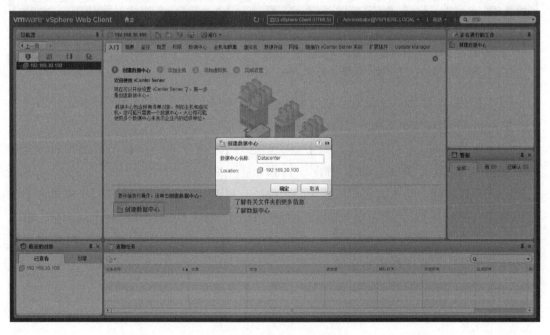

图 5-11　新建数据中心

项目5 部署高可用的企业基础服务

图 5-12 新建群集

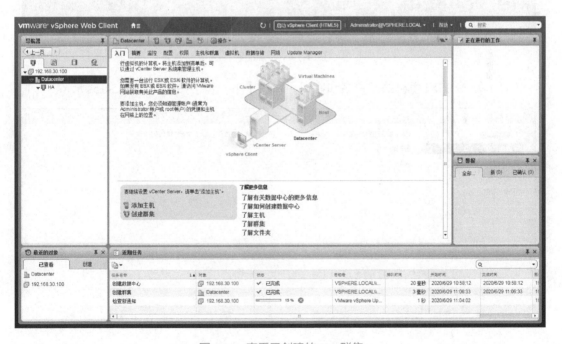

图 5-13 查看已创建的 HA 群集

3）将 ESXi 主机加入群集。

（1）选中刚创建的 HA 群集，在【入门】选项卡中单击【添加主机】，在弹出的对话框中输入主机 CN1 的 IP 地址【192.168.30.10】，单击【下一步】按钮，如图 5-14 所示。

图 5-14　添加主机

（11）输入 ESXi 主机的用户名和密码，单击【下一步】按钮，如图 5-15 所示。

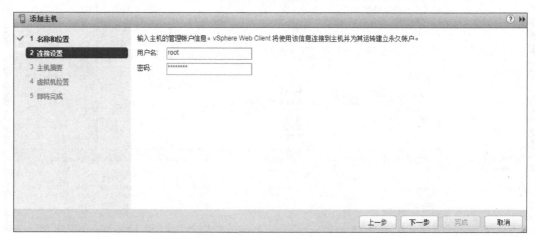

图 5-15　输入主机的用户名和密码

（3）在弹出如图 5-16 所示的【安全警示】对话框中单击【是】按钮，继续。

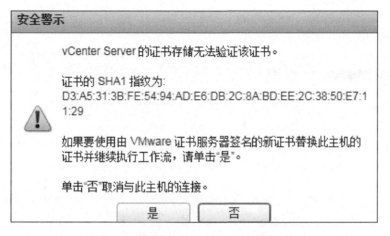

图 5-16 【安全警示】对话框

（4）在【主机摘要】界面中，可以看到当前添加的主机信息，确认无误后单击【下一步】按钮，如图 5-17 所示。

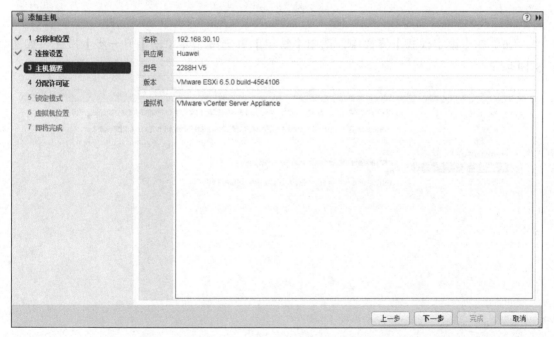

图 5-17 主机摘要

（5）在【分配许可证】界面中，选择或输入一个有效的许可证，单击【下一步】按钮，如图 5-18 所示。

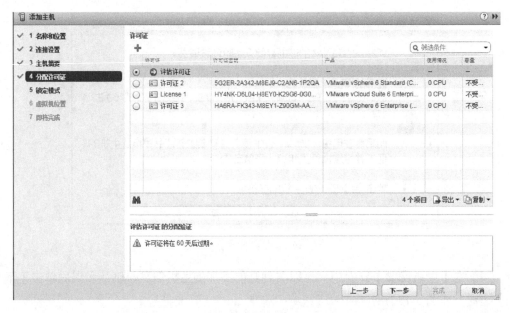

图 5-18　分配许可证

（6）在【锁定模式】界面中，选中【禁用】单选按钮并单击【下一步】按钮，如图 5-19 所示。

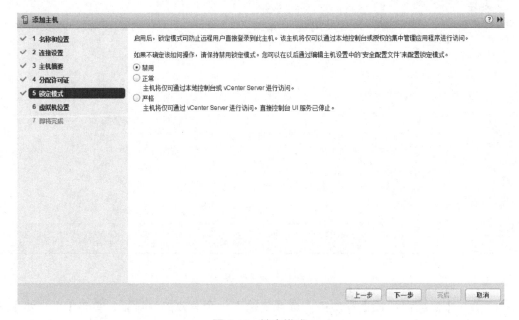

图 5-19　锁定模式

（7）在【资源池】界面中，选中【将此主机的所有虚拟机置于群集的根目录资源池中。目前显示在主机上的资源池将被删除。】单选按钮，单击【下一步】按钮，如图 5-20 所示。

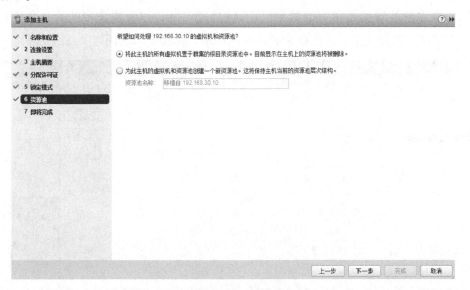

图 5-20 选择资源池

（8）在【即将完成】界面中，检查添加的主机信息及功能、模式等是否正确，无误后单击【完成】按钮，完成主机的添加，如图 5-21 所示。

图 5-21 确认信息

（9）使用同样的方法将主机 CN2 加入 HA 群集中。

3. 任务验证

（1）在左侧的导航器中可以看到已创建的群集 HA，以及群集中的两台主机 CN1 和 CN2，选中某一群集或主机，可以查看详细的信息，如图 5-22 所示。

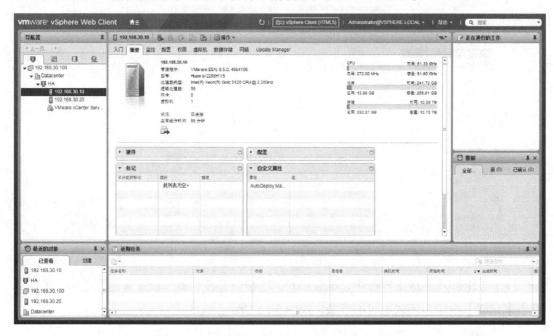

图 5-22　查看群集详细信息

任务 5-2　创建虚拟机模板

1. 任务规划

虚拟机模板是由安装好操作系统的虚拟机转换而来的，故虚拟机需完成操作系统和必要软件的安装，完成基本信息的配置。同时，安装 VMware Tools 用于 vSphere 平台对虚拟机的管控。本任务的实施步骤如下：

（1）上传操作系统安装镜像至共享存储。
（2）在 vSphere 上创建虚拟机。
（3）为虚拟机安装操作系统。
（4）在虚拟机中安装 Vmware Tools。
（5）将虚拟机转换为虚拟机模板。

项目5　部署高可用的企业基础服务

2. 任务实施

1）上传操作系统安装镜像至共享存储

（1）在 PC 上使用浏览器登录到 vCenter Server 的管理界面，地址为【http://192.168.30.100】，如图 5-23 所示。

图 5-23　VMware vSphere Web Client 界面

（2）在左侧的导航器中打开【数据存储】选项卡，在存储列表中右击【FC-VM】，如图 5-24 所示。

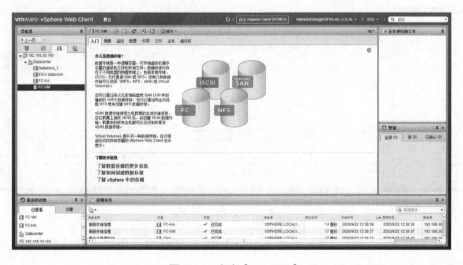

图 5-24　右击【FC-VM】

135

（3）在弹出的快捷菜单中，选择【浏览文件】命令，如图 5-25 所示。

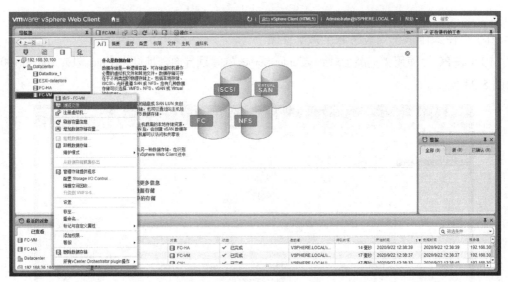

图 5-25　选择【浏览文件】命令

（4）在【文件】选项卡中单击将文件上传到数据存储图标，进行文件浏览存储，如图 5-26 所示。

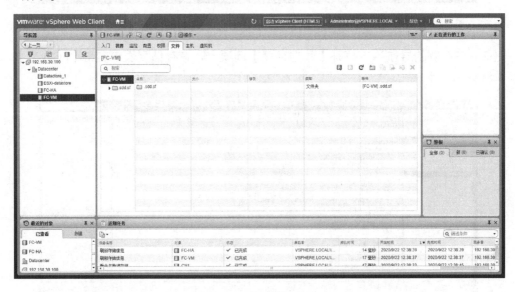

图 5-26　文件浏览存储

（5）找到提前下载好的 Windows Server 2019 安装镜像，单击【打开】按钮，待上传结束后即可开始安装，如图 5-27 所示。

项目 5　部署高可用的企业基础服务

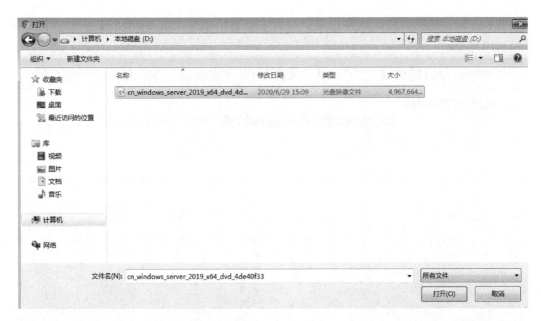

图 5-27　上传 Windows Server 2019 安装镜像

2）在 vSphere 上创建虚拟机

（1）返回导航器的【主机和群集】，选中群集【HA】，在【入门】选项卡中单击【创建新的虚拟机】，如图 5-28 所示。

图 5-28　镜像上传中

（2）在弹出的向导中，选择创建类型为【创建新虚拟机】，并单击【下一步】按钮，如图 5-29 所示。

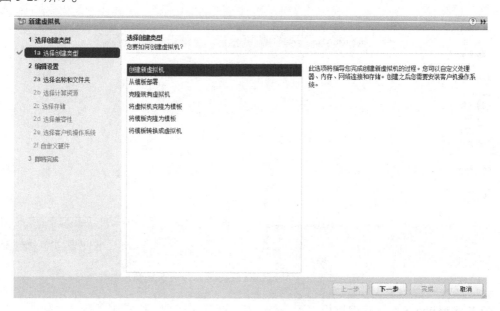

图 5-29　新建虚拟机

（3）在【选择名称和文件夹】界面中，输入虚拟机的名称为【VM-win】，并选择【Datacenter】作为虚拟机的存储位置，单击【下一步】按钮，如图 5-30 所示。

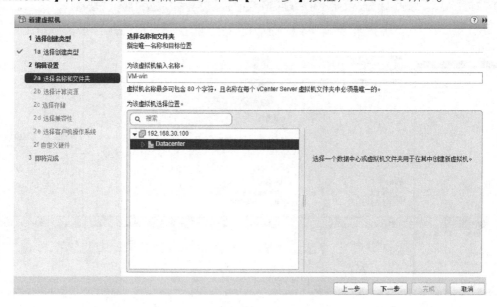

图 5-30　虚拟机创建名称及位置

项目5 部署高可用的企业基础服务

（4）在【选择计算资源】界面中，选择群集【HA】作为虚拟机的计算资源，单击【下一步】按钮，如图 5-31 所示。

图 5-31 选择计算资源

（5）在【选择存储】界面中，选择【FC-VM】作为虚拟机文件的存储位置，单击【下一步】按钮，如图 5-32 所示。

图 5-32 选择存储位置

139

(6)选择 ESXi 主机硬件兼容版本,推荐使用最新硬件版本以获得更好的特性,如图 5-33 所示。

图 5-33　选择兼容性

(7)在【选择客户机操作系统】界面中,选择对应的虚拟机操作系统类型和版本。当前安装的是 Windows Server 2019,所以客户机操作系统系列为【Windows】,客户机操作系统版本为【Mircosoft Windows Server 2016 或更高版本(64 位)】,单击【下一步】按钮,如图 5-34 所示。

图 5-34　选择客户机操作系统

项目5 部署高可用的企业基础服务

（8）在【自定义硬件】界面中，根据虚拟机的具体配置进行设置。选中【新的CD/DVD驱动器】并在其下拉列表中选择【数据存储ISO】选项，如图5-35所示。

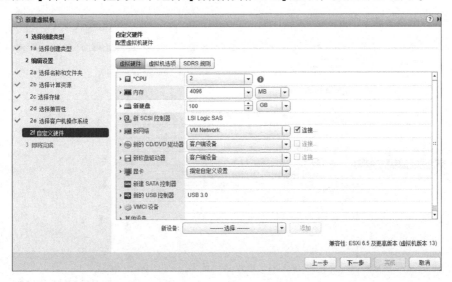

图 5-35 自定义硬件

（9）找到刚上传的操作系统安装镜像，单击【确定】按钮，如图5-36所示。

图 5-36 选择镜像

(10)勾选 CD/DVD 驱动器【连接…】复选框,如图 5-37 所示。

(11)在【即将完成】界面中确认新建虚拟机的基本配置,无误后单击【完成】按钮,如图 5-38 所示。

图 5-37　自定义硬件

图 5-38　即将完成

(12)新的虚拟机 VM-win 创建完成,如图 5-39 所示。

项目5 部署高可用的企业基础服务

图 5-39 虚拟机创建完成

3）为虚拟机安装操作系统

（1）在菜单栏中单击虚拟机电源图标，开启虚拟机，如图 5-40 所示。

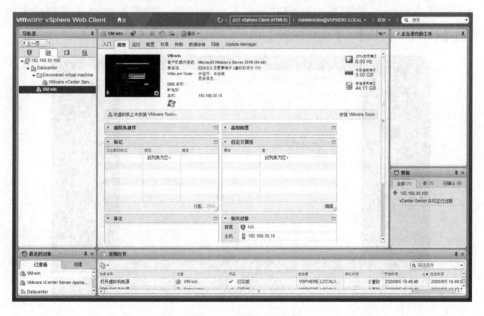

图 5-40 开启虚拟机

（2）在导航器中右击虚拟机【VM-win】，在弹出的快捷键菜单中选择【打开控制台】

143

命令，进入安装界面，如图 5-41 所示。

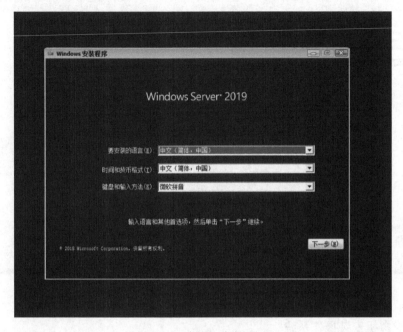

图 5-41 虚拟机安装界面

（3）按照 Windows 的安装流程完成操作系统的安装，在控制台操作虚拟机的过程中可以通过【Ctrl】+【Alt】+【鼠标左键】切换回物理 PC 的控制，如图 5-42 所示。

图 5-42 Windows 安装

（4）操作系统安装完成，结果如图 5-43 所示。

项目5 部署高可用的企业基础服务

4）在虚拟机中安装 VMware Tools。

（1）在 VM-win 虚拟机界面，单击【操作】→【客户机操作系统】→【安装 VMware Tools】，如图 5-44 所示。

图 5-43 系统安装完成

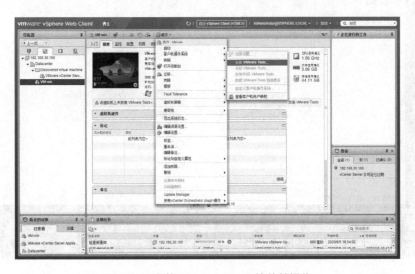

图 5-44 安装 VMware Tools 的菜单操作

（2）【安装 VMware Tools】对话框提示需要挂载虚拟 CD/DVD，单击【挂载】按钮继续安装，如图 5-45 所示。

145

图 5-45 挂载 VMware Tools 映像

(3) 通过控制台进入虚拟机，打开挂载的 VMware Tools，如图 5-46 所示。

图 5-46 VMware Tools 映像挂载成功

(4) 打开【VMware Tools 安装程序】对话框，单击【下一步】按钮，如图 5-47 所示。

项目5 部署高可用的企业基础服务

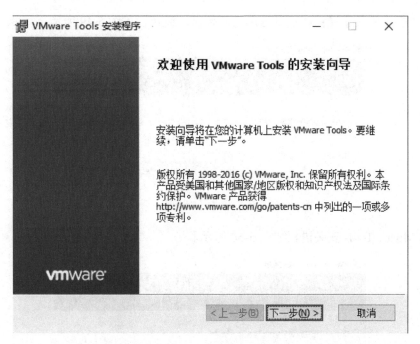

图 5-47 【VMware Tools 安装程序】对话框

(5)选择【典型安装】单选按钮,单击【下一步】按钮,如图 5-48 所示。

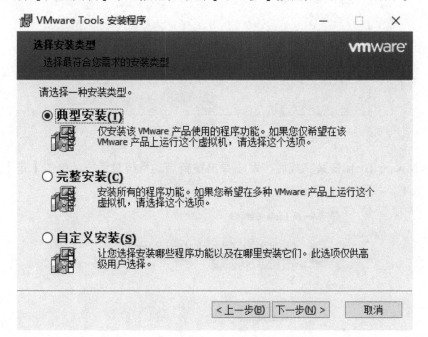

图 5-48 选择安装类型

147

（6）单击【安装】按钮，安装程序将开始自动运行，如图 5-49 所示。

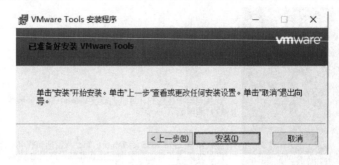

图 5-49　开始安装

（7）VMware Tools 安装进程如图 5-50 所示。

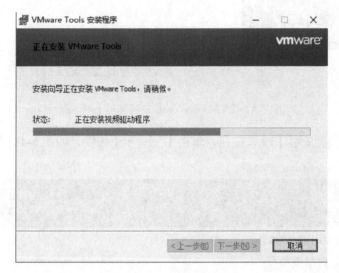

图 5-50　安装进程

（8）VMware Tools 安装完成后，系统弹出重新启动系统对话框，单击【是】按钮，重新启动虚拟机，如图 5-51 所示。

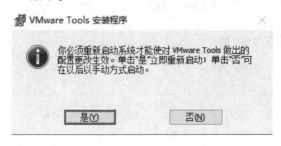

图 5-51　重启系统

（9）重启完成后，在状态栏单击【VMware Tools】图标，选择【关于 VMware Tools】项可以看到 VMware Tools 正在运行窗口，如图 5-52 所示。

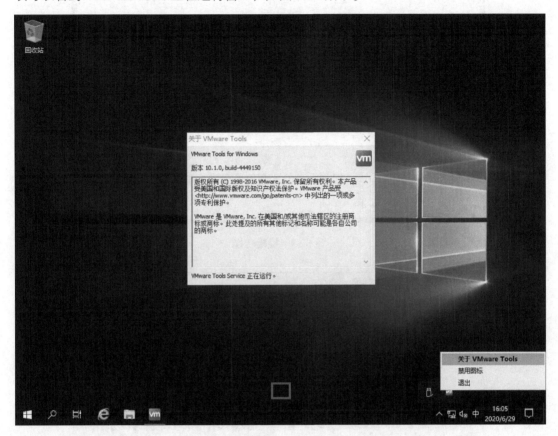

图 5-52　VMware Tools 正在运行窗口

5）将虚拟机转换为虚拟机模板

（1）关闭 VM-win 虚拟机。

（2）右击虚拟机 VM-win，在弹出的菜单中依次选择【模板】→【转换成模板】，如图 5-53 所示。

（3）系统弹出【确认转换】对话框，单击【是】按钮，将虚拟机转换为模板，如图 5-54 所示。

（4）虚拟机 VM-win 由虚拟机转换为虚拟机模板，名称依然是【VM-win】，如图 5-55 所示。

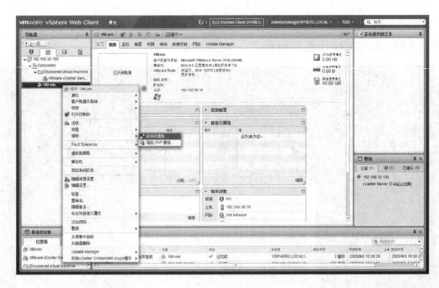

图 5-53 模板转换

图 5-54 确认转换

图 5-55 查看模板

项目5　部署高可用的企业基础服务

3. 任务验证

单击虚拟机模板 VM-win，在【摘要】选项卡中可查看模板配置信息，如图 5-56 所示。

图 5-56　模板配置信息

5-3　创建分布式交换机

1. 任务规划

在 vSphere 平台中，虚拟机通过虚拟交换机与物理网络连接。为便于群集网络的管理，且虚拟机可接入到不同 VLAN 的物理网络，需创建分布式虚拟交换机，并通过分布式端口组实现 VLAN 绑定。

（1）在 vSphere 平台上创建分布式交换机。
（2）为分布式交换机配置分布式端口组。
（3）添加 ESXi 主机到分布式交换机中。

2. 任务实施

1）在 vSphere 平台上创建分布式交换机
（1）在 PC 上使用浏览器登录到主机 CN1 的管理界面，地址为【http://192.168.30.10】。

151

在导航器中选择数据中心【Datacenter】，打开【网络】选项卡，单击【新建 Distributed Switch】图标，如图 5-57 所示。

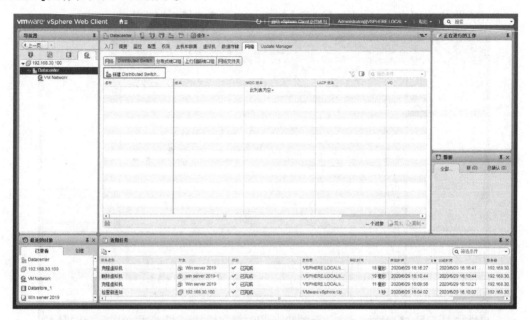

图 5-57　新建 Distributed Switch

（2）在【新建 Distributed Switch】向导中输入分布式交换机的名称【DSwitch】，单击【下一步】按钮，如图 5-58 所示。

图 5-58　输入 Distributed Switch 的名称

（3）在【选择版本】界面中，选择分布式交换机的版本为【Distributed Switch:6.5.0】，单击【下一步】按钮，如图 5-59 所示。

项目5　部署高可用的企业基础服务

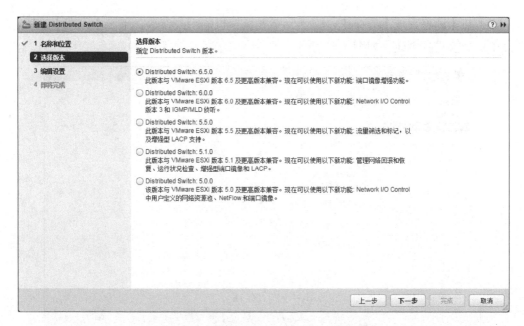

图 5-59　指定 Distributed Switch 版本

（4）在【编辑设置】界面中，由于物理网络采用了双核心交换机，所以在配置分布式交换机上行链路接口数量时，应使用 2 个上行链路，在上行链路数文本框中输入【2】，其他参数使用默认配置，单击【下一步】按钮，如图 5-60 所示。

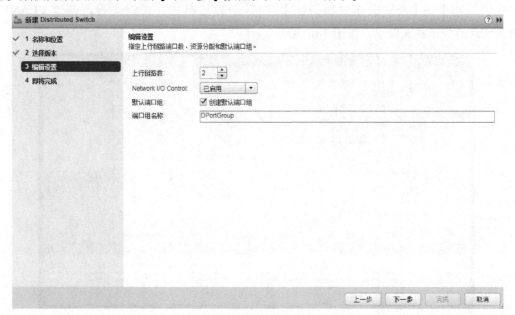

图 5-60　指定上行链路端口数、资源分配和默认端口组

(5)在【即将完成】界面中,验证分布式交换机的相关参数,单击【完成】按钮,完成分布式交换机的创建,如图 5-61 所示。

图 5-61 即将完成分布式交换机的创建

2)为分布式交换机配置分布式端口组

(1)在列表中右击分布式交换机【DSwitch】,在弹出的快捷菜单中依次选择【分布式端口组】→【新建分布式端口组】,打开新建分布式端口组向导,创建 VLAN10、VLAN20 的分布式端口组,如图 5-62 所示。

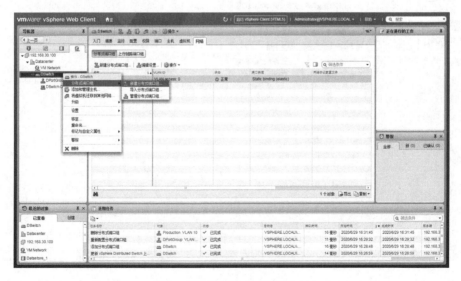

图 5-62 新建分布式端口组

项目5 部署高可用的企业基础服务

（2）首先创建 VLAN10 的分布式端口组，在向导中输入分布式端口组的名称【Production VLAN 10】，单击【下一步】按钮，如图 5-63 所示。

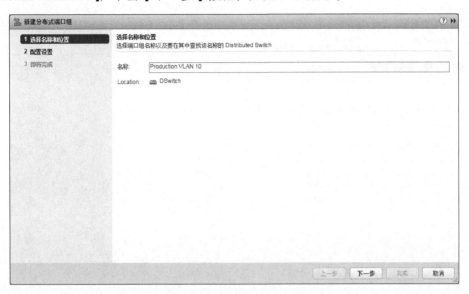

图 5-63　VLAN10 分布式端口组的名称和位置

（3）在【配置设置】界面中，由于每个 VLAN 在群集中最多只有 2 台虚拟机，故将端口数设定为【2】，VLAN 对应物理网络的 VLAN10，其他参数保持默认，单击【下一步】按钮，如图 5-64 所示。

图 5-64　VLAN10 分布式端口组常规属性

（4）确认新建分布式端口组相关参数，单击【完成】按钮，完成 VLAN10 分布式端口组的创建，如图 5-65 所示。

图 5-65　VLAN10 分布式端口组确认信息

（51）同样，新建 VLAN20 分布式端口组，创建完成后如图 5-66 所示。

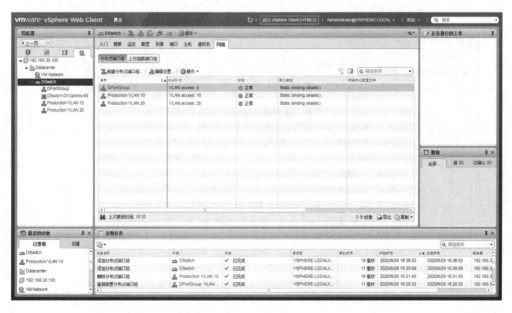

图 5-66　VLAN20 分布式端口组

3）添加 ESXi 主机到分布式交换机中

（1）在虚拟网络主界面中单击【DSwitch】，接着单击【添加和管理主机】，如图 5-67 所示，打开添加和管理主机向导。

图 5-67　添加管理主机

（2）在【选择任务】界面中，选择【添加主机】单选按钮，单击【下一步】按钮，如图 5-68 所示。

图 5-68　选择任务

（3）在【选择主机】界面中，单击【新主机】项，在弹出的列表中勾选需要加入分布式交换机的 ESXi 主机，单击【下一步】按钮，如图 5-69 所示。

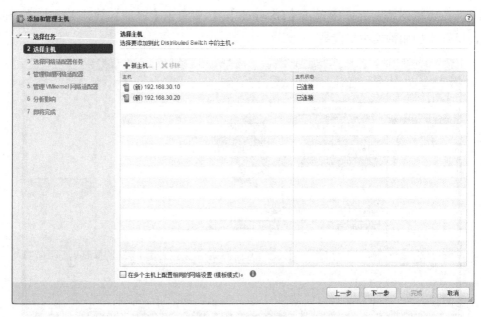

图 5-69　选择主机

（4）在【选择网络适配器任务】界面中，勾选【管理物理适配器】复选框，配置用于上行链路的 ESXi 主机网卡，单击【下一步】按钮，如图 5-70 所示。

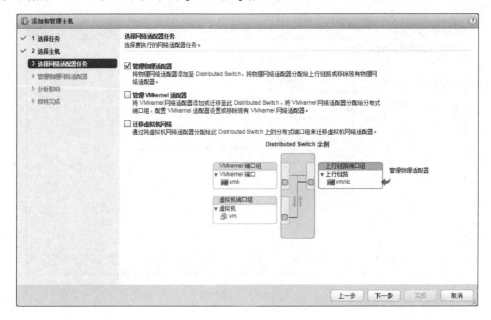

图 5-70　选择网络适配器任务

（5）在【管理物理网络适配器】界面中，在物理网卡列表中选择用于分布式交换机上行链路的网卡，单击【分配上行链路】，如图 5-71 所示。

图 5-71　分配上行链路

（6）确认物理网卡是否正确，且已连接到对应的物理网络中，应特别注意物理网络端口的 VLAN 属性是否正确，无误后单击【下一步】按钮，如图 5-72 所示。

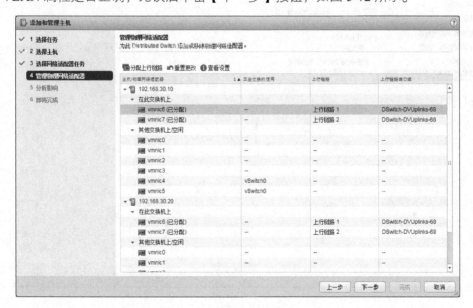

图 5-72　确认分配的链路

（7）在【分析影响】界面中，系统将自动分析 ESXi 主机网卡加入分布式交换机是否对现有网络配置造成影响，确认无影响后，单击【下一步】按钮，如图 5-73 所示。

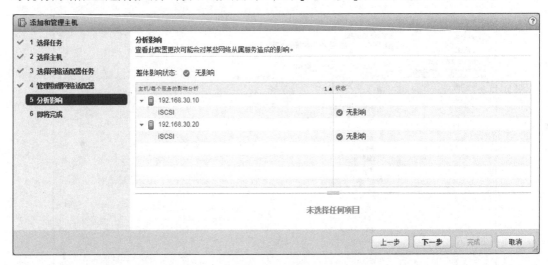

图 5-73　分析影响

（8）在【即将完成】界面中，确认各参数是否正确，无误后单击【完成】按钮，完成配置，如图 5-74 所示。

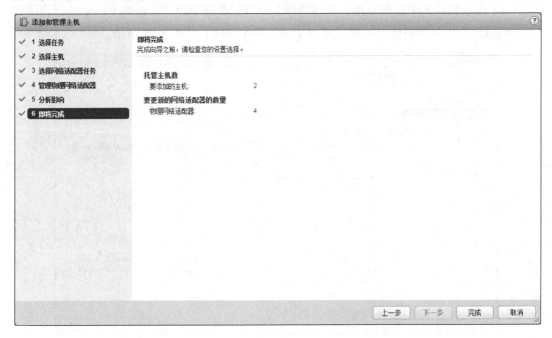

图 5-74　确认参数

项目5 部署高可用的企业基础服务

3. 任务验证

在 VMware vSphere Web Client 界面中，依次单击【网络】图标→【DSwitch】，在【主机】选项卡中，可以看到两台 ESXi 主机已添加到分布式交换机，如图 5-75 所示。

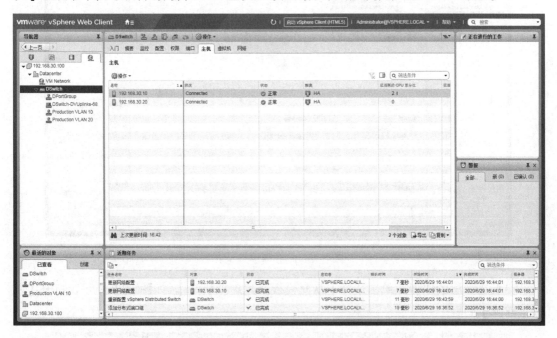

图 5-75 主机已添加到分布式交换机

任务 5-4 通过虚拟机模板部署虚拟机并加入虚拟网络

1. 任务规划

本项目中需要创建 3 台虚拟机用于网络服务的部署，目前已完成虚拟机模板的创建，可以通过虚拟机模板克隆虚拟机，以实现网络服务的快速部署。

（1）通过虚拟机模板部署虚拟机。
（2）对虚拟机进行基本配置。

2. 任务实施

1）通过虚拟机模板部署虚拟机
（1）在 PC 上使用浏览器登录到主机 CN1 的管理界面，地址为【http://192.168.30.10】。

（2）选择并右击虚拟机模板 VM-win，如图 5-76 所示。

图 5-76　选择虚拟机模板

（3）在弹出的快捷菜单中选择【从此模板新建虚拟机…】，如图 5-77 所示，打开【从模板部署】向导。

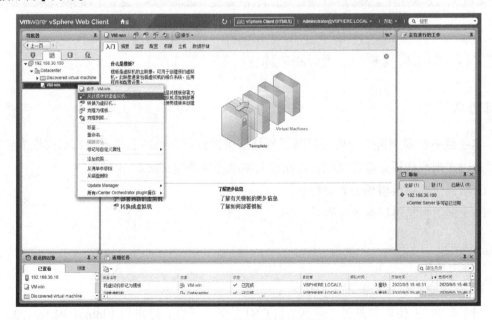

图 5-77　从此模板新建虚拟机

项目5 部署高可用的企业基础服务

(4)在弹出的从模板部署向导中输入虚拟机名称【VM1】,单击【下一步】按钮,如图 5-78 所示。

图 5-78 输入虚拟机名称

(5)在【选择计算资源】界面所列出的计算资源中,选择【HA】群集作为虚拟机的计算资源,单击【下一步】按钮,如图 5-79 所示。

图 5-79 选择计算资源

163

(6)在【选择存储】界面采用默认设置,单击【下一步】按钮,如图 5-80 所示。

图 5-80　选择存储

(7)在【选择克隆选项】界面,勾选【自定义此虚拟机的硬件】复选框,单击【下一步】按钮,如图 5-81 所示。

图 5-81　选择克隆选项

项目5 部署高可用的企业基础服务

（8）在【自定义硬件】界面，根据需求进行修改，如图5-82所示。

图5-82 自定义硬件

（9）修改网络适配器所属虚拟交换机，在【网络适配器1】下拉列表中选择【Production VLAN 10】，单击【下一步】按钮，如图5-83所示。

图5-83 选择网络适配器

165

（10）在【即将完成】界面中，确认从模板部署虚拟机的基本配置，单击【完成】按钮，如图 5-84 所示。

图 5-84　确认部署信息

（11）虚拟机克隆完成，单击【VM1】查看虚拟机信息，如图 5-85 所示。

图 5-85　虚拟机克隆完成

2）对虚拟机进行基本配置

（1）选择 VM1 虚拟机，单击【操作】→【启动】→【打开电源】，如图 5-86 所示。

项目5 部署高可用的企业基础服务

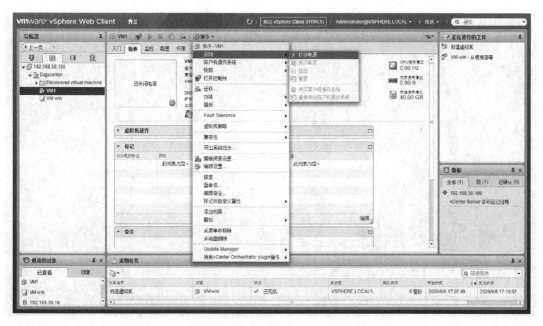

图 5-86 启动虚拟机 VM1

（2）单击【操作】→【打开控制台】，如图 5-87 所示。

图 5-87 打开 VM1 控制台

（3）浏览器跳转至 VM1 控制界面，如图 5-88 所示。

云计算中心运维服务

图 5-88　VM1 控制界面

（4）进入操作系统，修改虚拟机 VM1 的网络配置，如图 5-89 所示。

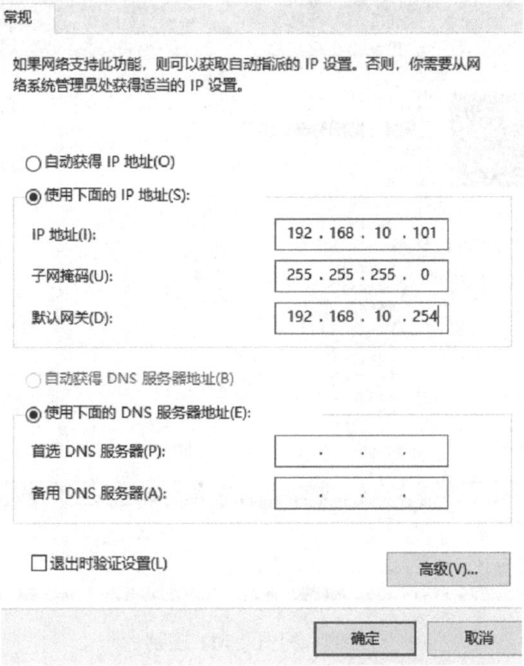

图 5-89　修改虚拟机 VM1 的网络配置

（5）修改虚拟机 VM1 的计算机名，如图 5-90 所示。

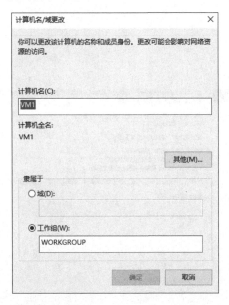

图 5-90　修改 VM1 的计算机名

（6）修改完成后重启虚拟机。

（7）在 VM1 控制界面中打开服务器管理器界面，如图 5-91 所示。

图 5-91　服务器管理器界面

（8）单击【添加角色和功能】，系统弹出如图 5-92 所示的添加角色和功能向导，单击【下一步】按钮。

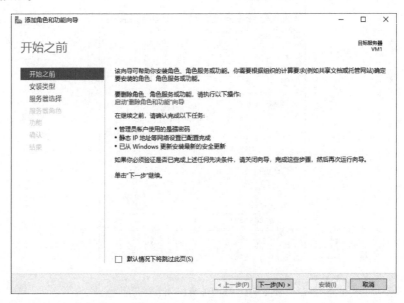

图 5-92　添加角色和功能向导

（9）在【安装类型】界面中，选择【基于角色或基于功能的安装】单选按钮，单击【下一步】按钮，如图 5-93 所示。

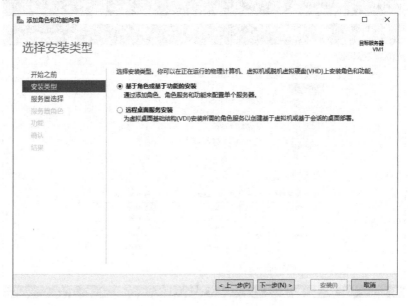

图 5-93　选择安装类型

（10）选择【从服务器池中选择服务器】单选按钮，单击【下一步】按钮，如图5-94所示。

图5-94　选择服务器

（11）在【功能】选项列表中勾选【远程协助】复选框，单击【下一步】按钮，如图5-95所示。

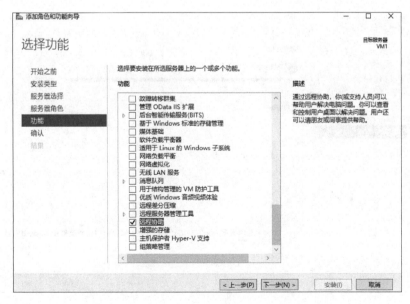

图5-95　勾选【远程协助】复选框

(12)在确认安装的对话框中,确认无误后单击【安装】按钮,如图 5-96 所示。

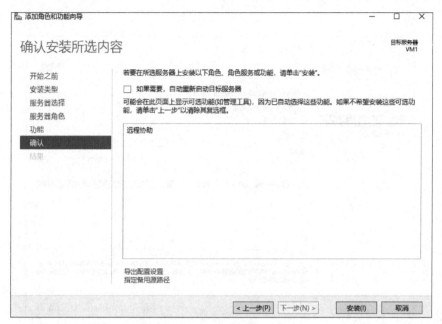

图 5-96　确认安装所选内容

(13)系统进行功能安装,安装完成后单击【关闭】按钮,如图 5-97 所示。

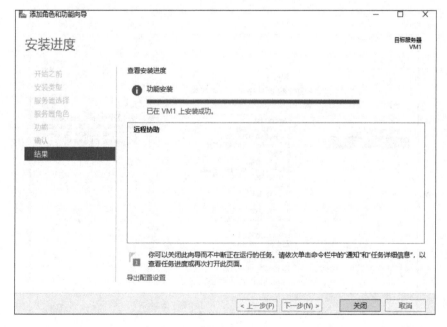

图 5-97　安装进度

项目5 部署高可用的企业基础服务

（14）在【系统属性】对话框的【远程】选项卡中，选中【允许远程连接到此计算机】单选按钮，如图 5-98 所示。

图 5-98 选中【允许远程连接到此计算机】单选按钮

3. 任务验证

（1）在运维部 PC 上打开远程桌面连接界面，输入虚拟机 VM1 的 IP 地址，单击【连接】按钮，如图 5-99 所示。

图 5-99 远程桌面连接

（2）在系统弹出的【Windows 安全性】对话框中，输入虚拟机 VM1 的账号和密码，单击【确定】按钮，如图 5-100 所示。

图 5-100　输入你的凭据

（3）在系统弹出的安全证书对话框中，单击【是】按钮，如图 5-101 所示。

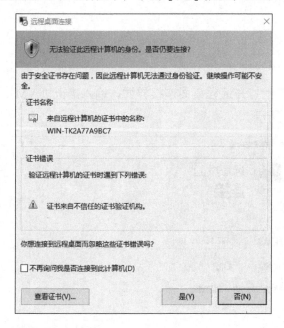

图 5-101　仍要连接

（4）成功连接到虚拟机 VM1，如图 5-102 所示。

项目5 部署高可用的企业基础服务

图 5-102 远程桌面连接到虚拟机 VM1

一、单选题

1. 高可用集群是指以减少服务中断时间为目的的（　　）技术。
　　A. 服务器集群　　B. 集群　　C. 可用集群　　D. 多样化
2. （　　）不属于集群。
　　A.DAS　　B.NAS　　C.SAN　　D.NFS
3. 虚拟网络是一种至少包含（　　）部分的计算机网络。
　　A. 虚拟网络链接　　B. 真实网络链接　　C. 网络链接　　D. 物理链接
4. 虚拟机是指通过（　　）的具有完整硬件系统功能的、运行在一个完全隔离环境中的完整计算机系统。
　　A. 硬件设备　　B. 软件设备　　C. 硬件模拟　　D. 软件模拟
5. 虚拟机资源分配不涉及（　　）。
　　A.CPU　　B. 内存　　C.vCPU　　D. 硬盘

二、多选题

1. 高可用集群主要有（　　　）方向。
   A. 系统多样化　　　B. 用途多样化　　　C. 集群多样化　　　D. 可用性多样化
2. 高可用集群主要实现（　　　）。
   A. 自动侦测故障　　　　　　　　　　B. 自动切换／故障转移
   C. 自动恢复　　　　　　　　　　　　D. 自动连接
3. 高可用集群的分类（　　　）。
   A. 双机热备　　　B. 多节点热备　　　C. 多节点共享存储　　D. 共享存储热备
4. 标准交换机与分布式交换机的区别是（　　　）。
   A. 分布式端口组用于连接虚拟机端口
   B. 标准交换机能跨主机实现交换，只能在本地生效，如果要迁移到另一台主机上则需要在每台主机上创建相同标签的端口组
   C. 标准交换机不适用于虚拟机网络通信
   D. 如果将上行链路适配器（即物理以太网适配器）连接到标准交换机，则每个虚拟机均可访问该适配器所连接到的外部网络
5. 高可用集群工作模型主要是（　　　）。
   A. 普通模型　　　B. 主从模型　　　C. 主备模型　　　D. 双主模型

项目 6

部署企业 DNS 和 FTP 服务

学习目标

（1）掌握 DNS 和 FTP 的基本概念。
（2）能在 CentOS 8 系统中安装和配置 DNS 服务。
（3）能在 CentOS 8 系统中安装和配置 FTP 服务。
（4）掌握云计算环境下 DNS、FTP 服务的部署业务实施流程和职业素养。

项目描述

基于前期项目的建设，Jan16 公司的云数据中心基础建设已经完成。公司门户网站和应用如 OA、CMS、ERP 等将逐步迁移到云数据中心。为确保公司业务的平滑过渡，将原部署在 Windows Server 2012 服务器上的 DNS 和 FTP 服务迁移到云数据中心计算节点 CN1 的 VM2 上，VM2 的配置见表 6-1。

表 6-1　VM2 的配置

配置名称	配置信息
处理器	2 核心 2 线程
内存	2GB
硬盘	100GB
IP 地址	192.168.20.101/24
计算机名	InfServer
操作系统	CentOS 8.0

原 DNS 域名信息见表 6-2 所示。

表 6-2　原 DNS 域名信息

注册域名	主机记录	主机记录 IP 地址	用途
jan16.cn	dns.jan16.cn	192.168.20.253	DNS 域名主机
	cms.jan16.cn	192.168.20.103	CMS 系统的域名
	oa.jan16.cn	192.168.20.102	OA 系统的域名
	erp.jan16.cn	192.168.20.101	ERP 系统的域名
	www.jan16.cn	192.168.10.100	公司门户网站域名

原 FTP 服务器中用户及共享目录信息见表 6-3。

表 6-3　原 FTP 服务中用户及共享目录信息

共享目录	用户账户	密码	权限	用途
D:/Project_File	XMB	Jan16@123	读、写	项目部服务账户
	YWB	Jan16@123	读	业务部服务账户

本项目网络拓扑如图 6-1 所示。

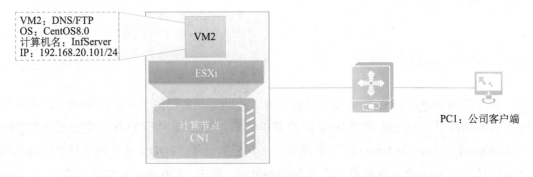

图 6-1　项目网络拓扑

DNS 和 FTP 服务原部署在 Windows Server 2012 服务器上，迁移到云数据中心后，将其部署在 CentOS 8 服务器操作系统上。经过进一步协商确认，DNS 服务将按原有数据在新的服务器上重新部署，FTP 服务将按原访问账户规划部署，原 FTP 数据无须迁移。因此，根据公司的要求和规划，网络管理员需要在虚拟机 VM2 上完成如下任务。

（1）在 CentOS 8 操作系统中部署 DNS 服务，按表 6-2 注册 DNS 记录。

（2）在 CentOS 8 操作系统中部署 FTP 服务，按表 6-3 配置 FTP 文件共享服务。

使用 CentOS 8 的 vsftpd 作为 FTP 服务，为提高系统的安全性，网络管理员将通过创建 FTP 虚拟账户，确保 FTP 服务账号仅用于访问 FTP 站点，站点规划如下：

① FTP 共享的根目录为【/Project_File】。

② FTP 登录的用户不能切换到 FTP 主目录外的其他目录，避免服务器上其他机密信息的泄露。

③ 通过 FTP 的虚拟用户技术为项目部和业务部创建不同的账号，实现不同部门对共享文件的读写权限控制。FTP 虚拟用户配置参数规划见表 6-4。

表 6-4　FTP 虚拟用户配置参数规划

FTP 设备	共享目录	系统用户	虚拟用户	密码	权限	用途
VM2	/Project_File	ftpvuser	XMB	Jan16@123	读、写	项目部员工 1
			YWB	Jan16@123	读	业务部员工 1

项目相关知识

6.1　DNS 的概念

DNS 是 Domain Name System（域名系统）的缩写，主要用于为用户提供一种将简单易记的名称映射到繁琐难记的 IP 地址的解决方案，在 DNS 中保存着全限定域名 FQDN（Fully Qualified Domain Name）与 IP 地址一一对应的记录。FQDN 主要由主机名和域名两部分组成。如 aaa.bbb.com 就是一个典型的 FQDN，其中，bbb.com 是域名，表示一个域，aaa 是主机名，表示是 bbb.com 域内的一台主机。

6.2　DNS 的域名空间

在 DNS 中，域（Domain）是一种分布式的层次结构，DNS 域名空间包括根域（root domain）、顶级域（top-level domains）、二级域（second-level domains）及子域（subdomains）。如 aaa.bbb.com.cn.，其中"."代表根域，"cn"为顶级域，"com"为二级域，"bbb"为三级域，"aaa"为主机名。域名体系的层次结构如图 6-2 所示。

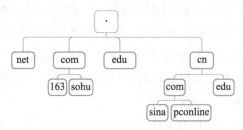

图 6-2　域名体系的层次结构

顶级域有两种类型的划分方式：机构域和地理域。表 6-5 列举了常用的机构域和地理域。

表 6-5 常用的机构域和地理域

机构域		地理域	
.com	商业组织	.cn	中国
.edu	教育组织	.fr	法国
.net	网络支持组织	.nz	新西兰
.gov	政府机构	.it	意大利
.org	非商业性组织	.us	美国

6.3 DNS 服务器的类型

DNS 服务器用于实现 DNS 名称和 IP 地址的双向解析。在网络中，主要有 4 种 DNS 服务器：主 DNS 服务器、辅助 DNS 服务器、转发 DNS 服务器和缓存 DNS 服务器。对此 4 种 DNS 服务器的解释如下。

（1）主 DNS 服务器：主 DNS 服务器是特定 DNS 域内所有信息的权威性信息源。主 DNS 服务器保存着自主生产的域文件，该文件是可读写的。当 DNS 域中的信息发生变化时，这些变化都会保存到主 DNS 服务器的域文件中。

（2）辅助 DNS 服务器：辅助 DNS 服务器不创建域数据，它的域数据是从主 DNS 服务器复制来的，因此，域数据只能读不能修改，也称为副本域数据。当启动辅助 DNS 服务器时，辅助 DNS 服务器会和建立联系的主 DNS 服务器联系，并定期从主 DNS 服务器中复制数据，以尽可能地保证副本和正本域数据的一致性。在一个域中设置多个辅助 DNS 服务器可以提供容错，分担主 DNS 服务器的负担，同时可以加快 DNS 解析的速度。

（3）转发 DNS 服务器：转发 DNS 服务器用于将 DNS 解析请求转发给其他 DNS 服务器，当转发 DNS 服务器收到客户端的请求后，它首先会尝试从本地数据库中查找；若未找到，则需要向其他 DNS 服务器转发解析请求，其他 DNS 服务器完成解析后会返回解析结果，转发 DNS 服务器会将该结果保存在自己的缓存中，同时返回给客户端解析结果。后续如果客户端请求解析相同的名称，转发 DNS 服务器会立即回复该客户端；否则，将会再次进行转发解析的过程。

（4）缓存 DNS 服务器：缓存 DNS 服务器可以提供名称解析，但没有任何本地数据库文件。缓存 DNS 服务器必须同时是转发 DNS 服务器，它将客户端的解析请求转发给其他 DNS 服务器，并将结果存储在缓存中。其与转发 DNS 服务器的区别在于没有本地数据库文件。缓存 DNS 服务器不是权威性的服务器，因为它提供的所有信息都是间接信息。

6.4 DNS 的查询模式

根据 DNS 服务器对 DNS 客户端的不同响应方式，域名解析可分为两种类型：递归查询和迭代查询。

（1）递归查询。递归查询发生在客户端向 DNS 服务器发出解析请求时，DNS 服务器会向客户端返回两种结果：查询到的结果或查询失败。如果当前 DNS 服务器无法解析名称，它将自行向其他 DNS 服务器查询，然后将最终查询到的结果返回给客户端。

（2）迭代查询。迭代查询通常在一台 DNS 服务器向另一台 DNS 服务器发出解析请求时使用。客户端向 DNS 服务器发出解析请求，如果当前 DNS 服务器未能在本地查询到请求的数据，则当前 DNS 服务器将返回给客户端另一台可能查询到结果的 DNS 服务器的 IP 地址，再由客户端自行向另一台 DNS 服务器发起查询；以此类推，直到查询到所需数据为止。

6.5 Linux 系统中的 DNS 服务配置

在 Linux 系统中，搭建 DNS 服务使用得较广泛的软件是 BIND（Berkeley Internet Name Domain）。BIND 目前支持的操作系统包括 UNIX、Linux、Windows、Mac 等，它驻留在后台的服务名称是 named。在 CentOS 8 系统中，用户可以通过本地软件仓库源安装 BIND 软件，也可以通过在系统联网后使用线上的软件仓库源安装 BIND，安装命令如下。

```
yum install -y bind
```

在 BIND 软件安装完成后，用户可通过表 6-6 所列命令管理 DNS 服务。

表 6-6　管理 DNS 服务的相关命令

命令	功能说明
systemctl start named	启动 DNS 服务
systemctl stop named	停止 DNS 服务
systemctl restart named	重新启动 DNS 服务
systemctl enable named	设置 DNS 服务为开机自运行

BIND 软件有几个重要的配置文件和目录，具体介绍如下。

（1）/etc/named.conf：DNS 的主配置文件，该文件包括 DNS 的全局配置和根区域配置，其他配置内容可编写在外部配置文件中，通过 "include" 关键字段加载。该文件常见的配置代码如下。

```
options {                    //options{ };两个大括号之间的内容是 DNS 全局配置的内容
 listen-on port 53 { 127.0.0.1; };    // 设置 DNS 服务监听端口和 IPv4 地址
 listen-on-v6 port 53 { ::1; };       // 设置 DNS 服务监听端口和 IPv6 地址
 directory        "/var/named";       // 设置 DNS 服务默认的域数据存放目录
 allow-query      { localhost; };     // 设置允许发起 DNS 查询的客户端地址
（省略显示部分内容）
 recursion yes;                       // 设置 DNS 服务是否允许递归查询
 dnssec-enable yes;                   // 设置 DNS 服务是否开启 dnssec 安全选项
 dnssec-validation yes;               // 设置 DNS 服务是否使用
（省略显示部分内容）
};        // 这里表示全局配置结束
zone "." IN {                        //zone ... { };的形式表示这是域的配置
 type hint;                          //type 用于设置域的类型，包括 master（主）、slave（从）、
hint（根）、forward（转发）
 file "named.ca";                    //file 用于指定域的数据文件
};
（省略显示部分内容）
include "/etc/named.rfc1912.zones";     //include 用于加载外部配置文件
include "/etc/named.root.key";
```

（2）/etc/named.rfc1912.zones：DNS 域配置文件，该文件记录了默认的正反向域配置。需要注意的是，域配置不仅可以放在域配置文件内，同时也可以写到 DNS 服务器的主配置文件中，但同一段域配置代码只能在一个配置文件中出现一次。

（3）/var/named：DNS 正反向域数据配置文件存放的默认目录，该目录中存放着用于配置正向或反向域数据的样例文件，包括 named.localhost（正向域数据样例文件）、named.loopback（反向域数据样例文件）。正向域数据样例文件代码如下。

```
$TTL 1D      // 设置地址解析记录的默认缓存时间，1D 表示 1 天
 @   IN SOA @ rname.invaliD. // 设置域名、主 DNS 服务地址和管理员邮箱地址。第一个
@ 代表域名，SOA 表示是起始授权记录，第二个 @ 代表主 DNS 服务器地址
```

```
        0       ; serial    // 设置此文件的序列号，格式为"年月日+修改次数"
        1D      ; refresh   // 设置辅助 DNS 服务器与主 DNS 服务器的更新间隔，默认为 1 天
        1H      ; retry     // 设置辅助 DNS 服务器无法复制域数据的重试间隔，默认为 1 小时
        1W      ; expire    // 设置辅助 DNS 服务器无法复制域数据时，原有数据的失效时间，
默认为 1 周
        3H      ; minimum   // 设置辅助 DNS 服务器缓存查询数据的默认时间，如无"$TTL"
的定义则以此为准
    NS      @           // 设置名称服务器记录，这里的 @ 代表管理当前域的设备的主机名
    A       127.0.0.1   // 设置名称服务器的 A 记录，格式一般为【主机名】A【IP】
    AAAA    ::1         // 设置 IPv6 地址的域名 A 记录
```

反向域数据文件的结构与正向域文件基本类似，主要用配置的 PRR 记录；而正向域数据文件主要配置的是 A 记录、MX 记录、别名记录等内容。

6.6　FTP 的概念

FTP（File Transfer Protocol，文件传输协议）定义了一个在远程计算机系统和本地计算机系统之间传输文件的标准，运行在应用层，利用传输控制协议 TCP 在不同的主机之间提供可靠的数据传输。由于 TCP 是一种面向连接的、可靠的传输协议，因此 FTP 可提供可靠的文件传输，支持断点续传功能，可以大幅度地减小 CPU 和网络带宽的开销。Windows、Linux、UNIX 等常用的网络操作系统都能提供 FTP 服务。

6.7　FTP 的工作原理

通常情况下，FTP 服务器默认监听 21 端口号用于等待建立控制连接的请求。一旦客户机和服务器建立连接，控制连接将始终保持连接状态。此外，FTP 服务器还会在客户端请求获取 FTP 文件目录、上传文件和下载文件等操作时，开启监听 20 端口号并且在客户端和服务器之间将建立一条全双工的数据连接进行数据传输。传输结束，就马上释放这条数据连接。FTP 客户端和服务器请求连接、建立连接、数据传输、数据传输完成、断开连接的过程如图 6-3 所示，其中客户端端口 1088 和 1089 是客户端随机产生的。

6.8　FTP 典型消息

在 Linux 系统中，可以使用 FTP 工具基于命令行界面测试 FTP 服务器，在此期间，用户可以看到由 FTP 服务器发送的消息。表 6-7 列出了 FTP 协议中定义的典型消息。

项目6　部署企业DNS和FTP服务

图 6-3　FTP 工作过程

表 6-7　FTP 协议中定义的典型消息

消息号	含　义
125	数据连接已经建立，开始传送
150	文件状态正确，正在建立数据连接
200	命令执行正确
220	对新连接用户的服务已准备就绪
221	控制连接关闭
225	数据连接已建立，无数据传输正在进行
226	正在关闭数据连接，请求的文件操作成功（如列出文件目录）
227	进入被动模式
230	用户已登录，如果不需要可以退出
250	请求的文件操作完成
331	用户名正确，需要输入密码
332	需要登录的账户
421	服务不可用，控制连接关闭。如，由于同时连接的用户过多（已达到同时连接的用户数量限制）或连接超时
530	账户或密码错误，未能登录
550	请求的操作未被执行，文件不可用（例如文件未找到或无访问权限）

6.9 Linux 中的 FTP 服务配置

在 Linux 系统中，常用于搭建 FTP 服务的软件是 VSFTP（Very Secure FTP），它是一种在 UNIX 和 Linux 中兼具安全性、高速和高稳定性的 FTP 服务器。它驻留在后台的名称为 vsftpd。其软件安装的命令如下。

```
yum install -y vsftpd
```

用户可以通过表 6-8 所列命令对 vsftpd 服务进行管理。

表 6-8　vsftpd 服务管理常用命令

命令	功能说明
systemctl start vsftpd	启动 vsftpd 服务
systemctl stop vsftpd	停止 vsftpd 服务
systemctl restart vsftpd	重新启动 vsftpd 服务
systemctl enable vsftpd	设置 vsftpd 服务为开机自运行

VSFTP 软件有几个重要的文件或目录，具体介绍如下

（1）/etc/vsftpd/：VSFTP 软件默认的配置文件存放的目录。该目录中包含默认不允许登录 FTP 服务器的用户列表（ftpusers）、允许登录 FTP 服务器的用户列表 (user_list) 和服务主配置文件（vsftpd.conf）。

（2）/etc/vsftpd/vsftpd.conf：vsftp 服务的主配置文件。在主配置文件中，管理员可以进行 FTP 服务器的基本配置和 FTP 站点的信息。主配置文件是一个文本文件，在文件中用"#"表示注释，主配置文件常见代码见表 6-9。

表 6-9　主配置文常见代码及功能说明

代码	功能说明
anonymous_enable=YES	设置启用匿名用户
local_enable=YES	设置启用本地用户
write_enable=YES	设置本地用户是否具有写权限
#anon_upload_enable=YES	设置是否允许匿名用户上传文件，默认是注释的

续表

代码	功能说明
#anon_mkdir_write_enable=YES	设置是否允许匿名用户创建文件夹，默认是注释的
allow_writeable_chroot=YES	设置是否锁定用户主目录，不允许切换目录
listen=NO	设置 FTP 服务器是否以 standalone 模式运行，只有在 standalone 模式下才可以设置服务器监听端口、IP 地址等信息
listen_address=127.0.0.1	设置 vsftp 监听的 IPv4 地址
listen_port=21	设置 vsftp 监听的端口号
local_root=/var/ftp	设置本地用户默认的 FTP 主目录
anon_root=/var/ftp	设置匿名用户默认的 FTP 主目录
pam_service_name=vsftpd	设置 PAM（可插拔认证模块）的配置文件，默认位置在 /etc/pam.d/ 目录下
guest_enable=NO	设置是否启用虚拟用户
guest_username=ftp	设置虚拟用户映射的系统用户名
user_config_dir=/etc/vsftpd/userconf	设置虚拟用户配置文件目录
virtual_use_local_privs=NO	设置虚拟用户是否与映射的系统用户权限一致
anon_world_readable_only=YES	设置用户是否只有下载权限
anon_mkdir_write_enable=YES	设置用户是否具有上传权限
anon_other_write_enable=YES	设置用户是否可以创建目录

（3）/var/ftp：默认的匿名用户主目录。在默认情况下，匿名用户不允许登录且不可上传文件，仅有下载权限。

任务 6-1　部署 DNS 服务

1. 任务规划

在 CentOS8 环境下安装 DNS 服务，并按项目规划完成相关域名的注册，该任务可通过以下实施步骤完成：

（1）在 VM2 设备上安装 DNS 服务，提供 DNS 域名解析功能。

（2）配置 DNS 服务参数，允许监听来自任何客户端的 DNS 域名解析请求，关闭 DNS 安全设置。

（3）在 VM2 设备上创建 jan16.cn 的主要域。

（4）在 VM2 设备上注册各业务系统的主机记录。

（5）在 VM2 设备上启动 DNS 服务，为用户提供 DNS 解析服务。

2. 任务实施

1) 在 VM2 设备上安装 DNS 服务

（1）在云数据中心为 VM2 设备（虚拟机）装载 CentOS 8 操作系统镜像文件，过程略。

（2）修改 VM2 设备的主机名为 InfServer。

```
[root@localhost ~]# hostnamectl set-hostname InfServer
```

（3）在 InfServer 系统中通过 mount 命令挂载 CentOS 8 操作系统镜像文件。

```
[root@InfServer ~]# mount /dev/cdrom /mnt
mount: /mnt: WARNING: device write-protected, mounted read-only.
```

（4）配置 InfServer 的网络配置文件，设置 IP 地址为 192.168.20.253/24。

```
[root@InfServer ~]# vi /etc/sysconfig/network-scripts/ifcfg-ens33
    TYPE=Ethernet
    BOOTPROTO=static              // 设置为 static 静态 IP 地址
    DEFROUTE=yes
    NAME=ens33
    DEVICE=ens33
ONBOOT=yes                        // 设置网卡为开机自启动
    IPADDR=192.168.20.253         // 设置网卡 IP 地址
    NETMASK=255.255.255.0         // 设置子网掩码
    GATEWAY=192.168.20.254        // 设置网关 IP 地址
    DNS1=192.168.20.253           // 设置主 DNS 服务器的 IP 地址
    [root@InfServer ~]# nmcli connection reload
```

（5）通过 vi 命令创建并编辑 local.repo 仓库源配置文件，构建本地 Yum 软件仓库源。这里将 /etc/yum.repos.d 目录下所有以 "Centos-" 开头的文件移动到 /etc/yum.repos.d/backup 目录下备份，避免其影响本地的 Yum 软件仓库。

```
[root@InfServer ~]# mkdir /etc/yum.repos.d/backup
[root@InfServer ~]# mv /etc/yum.repos.d/CentOS-* /etc/yum.repos.d/backup/
[root@InfServer ~]# vi /etc/yum.repos.d/local.repo
[AppStream]
name=AppStream
baseurl=file:///mnt/AppStream/
enabled=1
gpgcheck=0

[BaseOS]
name=BaseOS
baseurl=file:///mnt/BaseOS
enabled=1
gpgcheck=0
[root@InfServer ~]# yum makecache
AppStream                          4.2 MB/s | 4.3 kB      00:00
BaseOS                             3.8 MB/s | 3.9 kB      00:00
```

（6）通过 yum 命令安装 DNS 服务。

```
[root@InfServer ~]# yum install -y bind bind-utils
```

2）在 VM2 设备上配置 DNS 服务参数

（1）更改 DNS 主配置文件，设置 DNS 服务器监听本地所有 IP 地址，允许来自所有 IP 地址的 DNS 解析请求。

```
[root@InfServer ~]# vi /etc/named.conf
//参照如下内容对文件进行修改
options {
     listen-on port 53 { any; };           //将 127.0.0.1 更改为 any
```

```
（省略部分内容）
    allow-query     { any; };           // 将 localhost 更改为 any
    dnssec-enable no;                   // 更改 yes 为 no，表示不使用安全设置
    dnssec-validation no;               // 更改 yes 为 no，表示不使用安全设置
```

3）在 VM2 设备上创建 jan16.cn 的主要域

（1）在 DNS 主配置文件中创建 jan16.cn 主要域，设置 jan16.cn 域的正向域文件为 jan16.cn.zone。

```
[root@InfServer ~]# vi /etc/named.conf
// 在配置文件中新增如下几行内容
zone "jan16.cn." IN {                   // 设置域 jan16.cn
    type master;                        // 设置域的类型为 master
    file "jan16.cn.zone";               // 设置 DNS 正向域解析文件为 jan16.cn.zone
};
```

4）在 VM2 设备上注册各业务系统的主机记录

（1）通过 cp 命令复制域名解析样例文件 named.localhost 为 jan16.cn.zone。

```
[root@InfServer ~]# cd /var/named/
[root@InfServer named]# cp -p named.localhost jan16.cn.zone
```

（2）根据规划，修改正向域文件 jan16.cn.zone 并添加域名 A 记录。

```
[root@InfServer named]# cat jan16.cn.zone
$TTL 1D
@       IN SOA  @ admin.jan16.cn. (
                                    0       ; serial
                                    1D      ; refresh
                                    1H      ; retry
                                    1W      ; expire
                                    3H )    ; minimum
jan16.cn.       NS      dns.jan16.cn        // 设置域名服务器记录
dns     A       192.168.20.253              // 设置域名服务器地址记录
```

```
cms      A       192.168.20.103          // 设置 cms.jan16.cn 地址对应记录
oa       A       192.168.20.102          // 设置 oa.jan16.cn 地址对应记录
erp      A       192.168.20.101          // 设置 erp.jan16.cn 地址对应记录
www      A       192.168.10.100          // 设置 www.jan16.cn 地址对应记录
```

5）在 VM2 设备上启动 DNS 服务

（1）启动 DNS 服务，并设置为开机自启动。

```
[root@InfServer ~]# systemctl restart named
[root@InfServer ~]# systemctl enable named
```

（2）关闭 VM2 设备的防火墙，并设置为开机不启动。

```
[root@InfServer ~]# systemctl stop firewalld
[root@InfServer ~]# systemctl disable firewalld
Removed /etc/systemd/system/multi-user.target.wants/firewalld.service.
Removed /etc/systemd/system/dbus-org.fedoraproject.FirewallD1.service.
```

3. 任务验证

（1）在 VM2 服务器中执行【systemctl status named】命令，查看 DNS 服务状态。

```
[root@InfServer ~]# systemctl status named
● named.service - Berkeley Internet Name Domain (DNS)
   Loaded: loaded (/usr/lib/systemd/system/named.service; disabled; vendor preset: disabled)
   Active: active (running) since Wed 2020-06-03 14:44:08 EDT; 33s ago
（省略部分内容）
```

（2）在 PC 设备中配置好 DNS 主服务器的 IP 地址指向后，执行【nslookup】命令，进入域名解析交互模式，分别解析 dns.jan16.cn、cms.jan16.cn、oa.jan16.cn、erp.jan16.cn、www.jan16.cn 域名，结果显示域名解析正确。

```
[root@PC ~]# nslookup
> dns.jan16.cn
Server:         192.168.20.253
Address:        192.168.20.253#53

Name:   dns.jan16.cn
Address: 192.168.20.253
> cms.jan16.cn
Server:         192.168.20.253
Address:        192.168.20.253#53

Name:   cms.jan16.cn

Address: 192.168.20.103
> oa.jan16.cn
Server:         192.168.20.253
Address:        192.168.20.253#53

Name:   oa.jan16.cn
Address: 192.168.20.102
> erp.jan16.cn
Server:         192.168.20.253
Address:        192.168.20.253#53

Name:   erp.jan16.cn
Address: 192.168.20.101
> www.jan16.cn
Server:         192.168.20.253
Address:        192.168.20.253#53

Name:   www.jan16.cn
Address: 192.168.10.100
> exit
```

任务 6-2 部署 FTP 服务

1. 任务规划

在 CentOS 8 操作系统环境下安装 VSFTPD 软件，并按项目规划完成 FTP 服务账户、

FTP 站点等相关配置，具体步骤如下：

（1）在 VM2 设备上安装 FTP 服务，提供 FTP 文件共享功能。

（2）在 VM2 设备上创建 FTP 虚拟用户，包括创建虚拟 FTP 用户数据库、PAM 认证文件和虚拟 FTP 用户对应的系统用户 ftpvuser。

（3）在 VM2 设备上配置 FTP 主配置文件参数，设置启用虚拟账户并添加用户配置文件目录。

（4）在 VM2 设备上配置 FTP 虚拟用户权限，添加用户配置文件并为 FTP 虚拟用户配置读写权限。

（5）在 VM2 设备上创建 FTP 根目录并配置系统权限。

（6）在 VM2 设备上启动 FTP 服务。

2. 任务实施

1）在 VM2 设备上安装 FTP 服务

（1）通过 yum 命令安装 FTP 服务所依赖的软件包 vsftpd。

```
[root@InfServer ~]# yum install -y vsftpd
```

2）在 VM2 设备上创建 FTP 虚拟用户

（1）根据规划表，创建用于生成虚拟 FTP 用户数据库的原始账号和密码文件（其格式为：单行存放用户名，双行存放对应密码）。

```
[root@InfServer ~]# vim /root/ftp_vuser
XMB
Jan6@123
YWB
Jan6@123
```

（2）使用 Hash 算法生成虚拟 FTP 用户数据库文件。

```
[root@InfServer ~]# db_load -T -t hash -f /root/ftp_vuser /etc/vsftpd/ftp_vuser.db
```

（3）创建用于虚拟用户的 PAM 认证文件。

```
[root@InfServer ~]# vi /etc/pam.d/vsftpd.login
auth required pam_userdb.so db=/etc/vsftpd/ftp_vuser
account required pam_userdb.so db=/etc/vsftpd/ftp_vus
```

（4）创建虚拟 FTP 用户对应的系统用户，并设置为不允许登录系统，这里设置用户的根目录为 /Project_File。

```
[root@InfServer ~]# useradd -d /Project_File/ -s /sbin/nologin ftpvuser
```

3）在 VM2 设备上配置 FTP 主配置文件参数

（1）更改 FTP 主配置文件 /etc/vsftpd/vsftpd.conf，设置启用虚拟账户，设置用户配置文件目录为 /etc/vsftpd/user_config/。

```
[root@InfServer ~]# vi /etc/vsftpd/vsftpd.conf
listen=YES
#listen_ipv6=YES
chroot_local_user=YES              // 设置用户不能切换到 FTP 主目录外的其他目录
allow_writeable_chroot=YES         // 设置允许具有可写权限的 FTP 用户登录
pam_service_name=vsftpd.login      // 设置 PAM 认证文件为 vsftpd.login
guest_enable=YES                   // 设置启用虚拟账户
guest_username=ftpvuser            // 设置虚拟用户映射成该本地用户
user_config_dir=/etc/vsftpd/user_config/   // 添加用户个人配置文件目录，这里设置为 /etc/vsftpd/user_config
```

4）在 VM2 设备上配置 FTP 虚拟用户权限

（1）创建用户配置文件目录并切换到用户配置文件目录下，针对用户配置文件设置虚拟 FTP 用户读写权限。

```
[root@InfServer ~]# mkdir /etc/vsftpd/user_config
[root@InfServer ~]# cd /etc/vsftpd/user_config/
[root@InfServer ~]# vi /etc/vsftpd/user_config/XMB
```

```
virtual_use_local_privs=NO              // 设置虚拟用户与本地用户权限不一致
write_enable=YES                        // 设置虚拟用户具有写权限（上传、创建目录、删除、重命名）
anon_world_readable_only=NO             // 设置虚拟用户具有下载权限
anon_upload_enable=YES                  // 设置虚拟用户具有上传权限
anon_mkdir_write_enable=YES             // 设置虚拟用户具有创建目录的权限
anon_other_write_enable=YES             // 设置虚拟用户具有删除、重命名的权限
[root@InfServer ~]# vi /etc/vsftpd/user_config/YWB
virtual_use_local_privs=NO              // 设置虚拟用户与本地用户权限不一致
anon_world_readable_only=NO             // 设置虚拟用户具有下载权限
anon_upload_enable=NO                   // 设置虚拟用户不具备上传权限
```

5）在 VM2 设备上创建 FTP 根目录并配置系统权限

（1）创建 FTP 共享目录 /Project_File。

```
[root@InfServer ~]# mkdir /Project_File
```

修改共享目录 /Project_File 的文件权限。

```
[root@InfServer ~]# chown ftpvuser:ftpvuser /Project_File
```

6）在 VM2 设备上启动 FTP 服务

（1）重启 FTP 服务，服务器开始对外提供 FTP 服务。

```
[root@InfServer ~]# systemctl restart vsftpd
```

（2）执行【yum install -y ftp】命令安装 FTP 测试工具。

```
[root@InfServer ~]# yum install -y ftp
```

3. **任务验证**

（1）在 VM2 设备中使用【ll -d /Project_File】命令查看共享目录的文件权限。

```
[root@InfServer ~]# ll -d /Project_File
drwxr-xr-x 2 ftpvuser ftpvuser 6 6月   5 03:08 /Project_File
```

（2）在 VM2 设备中使用【ss -tlnp|grep 21】命令查看 FTP 服务端口启用状况。

```
[root@InfServer ~]# ss -tlnp |grep 21
LISTEN   0    32      *:21       *:*        users:(("vsftpd",pid=2864,fd=3))
```

（3）在 PC 设备中执行【ftp 192.168.20.253】命令并以 XMB 用户进行登录，登录完成后通过执行【put /root/anaconda-ks.cfg aaa.cfg】、【mkdir test】等命令测试读写权限。

```
[root@pc ~]# ftp 192.168.20.253
Connected to 192.168.20.253 (192.168.20.253).
220 (vsFTPd 3.0.3)
Name (192.168.20.253:root): XMB          // 输入虚拟 FTP 用户名
331 Please specify the password.
Password:                                // 输入密码
230 Login successful.
Remote system type is UNIX.
Using binary mode to transfer files.
ftp> pwd                                 // 查询当前所在 FTP 目录位置
257 "/" is the current directory         // 锁定了主目录的用户只显示为 "/"
ftp> dir                                 // 查询当前 FTP 的目录结构
227 Entering Passive Mode (192,168,2,253,76,155).
150 Here comes the directory listing.
226 Directory send OK.
ftp> put /root/anaconda-ks.cfg aaa.cfg
// 测试上传 /root/anaconda-ks.cfg 文件到 FTP 中并重命名为 aaa.cfg
local: anaconda-ks.cfg remote: aaa.cfg
227 Entering Passive Mode (192,168,2,253,146,111).
150 Ok to send datA.                     // 表示上传文件已完成
226 Transfer complete.
1193 bytes sent in 9.9e-05 secs (12050.50 Kbytes/sec)
ftp> mkdir test                          // 使用 mkdir 命令在 FTP 中创建名为 test 的目录
257 "/test" created
ftp> bye                                 // 通过 bye 命令退出 FTP 测试工具
221 Goodbye.
```

（4）在 PC 设备中执行【ftp 192.168.20.253】命令并以 YWB 用户进行登录，登录完成后通过执行【put /root/anaconda-ks.cfg bbb.cfg】、【mkdir test】等命令测试读写权限。

```
[root@pc ~]# ftp 192.168.20.253
Connected to 192.168.20.253 (192.168.20.253).
220 (vsFTPd 3.0.3)
Name (192.168.20.253:root): YWB              // 输入虚拟 FTP 用户名
331 Please specify the password.
Password:                                    // 输入密码
230 Login successful.
Remote system type is UNIX.
Using binary mode to transfer files.
ftp> pwd                                     // 查询当前所在 FTP 目录位置
257 "/" is the current directory             // 锁定了主目录的用户只显示为 "/"
ftp> dir                                     // 查看 FTP 目录下已有的文件和目录
227 Entering Passive Mode (192,168,2,253,142,205).
150 Here comes the directory listing.
-rw-------    1 1001     1001         1237 Jun 05 15:46 aaa.cfg
drwx------    2 1001     1001            6 Jun 05 15:46 test
226 Directory send OK.                       // 查看到由 XMB 用户上传的内容
ftp> get aaa.cfg                             // 测试 YWB 用户的下载权限
local: aaa.cfg remote: aaa.cfg
227 Entering Passive Mode (192,168,2,253,148,201).
150 Opening BINARY mode data connection for aaa.cfg (1237 bytes).
226 Transfer complete.                       // 这里可以看到下载成功
1237 bytes received in 0.000269 secs (4598.51 Kbytes/sec)
ftp> put /root/anaconda-ks.cfg bbb.cfg       // 测试上传文件为 bbb.cfg
local: /root/anaconda-ks.cfg remote: bbb.cfg
227 Entering Passive Mode (192,168,2,253,196,108).
550 Permission denieD.       // 如果看到反馈 "没有权限"，说明对 YWB 的权限设置是正常的。
ftp> mkdir test2             // 测试 YWB 是否具备创建文件夹的权限
550 Permission denieD.       // 反馈仍然是 "没有权限"，说明 YWB 权限设置正常
```

课后练习

一、单选题

1. DNS 的主要功能是（　　）。
   A. 收发电子邮件　　B. 提供域名解析　　C. 远程登录　　D. 提供浏览网页服务
2. FTP 的中文意思是（　　）。
   A. 高级程序设计语言　　B．域名　　C．文件传输协议　　D．超文本传输协议
3. 当使用不正确的用户名和密码登录 FTP 时，FTP 服务端将返回（　　）错误。
   A.401　　B.530　　C.221　　D.230
4. DNS 服务器中默认的主配置文件为（　　）。
   A./etc/named.conf　　B./etc/dns/named.conf
   C./var/named/named.localhost　　D./etc/name.conf
5. DNS 服务器默认监听的端口是（　　）。
   A.20　　B.21　　C.80　　D.53

二、多选题

1. 在 Linux 操作系统中，关于命令 chmod u=rwx,g=rx,o-r cwb，下面说法正确的是（　　）。
   A. 用户的权限有读、写、执行　　B. 用户的权限有读、写、执行
   C. 组的权限是读与执行　　D. 其他用户权限去掉读的权限
2. Linux 操作系统中 nmtui 命令的作用包括（　　）。
   A. 配置 IP　　B. 配置 DNS　　C. 配置子网掩码　　D. 配置网关
3. VIM 编辑器常用的三种模式是（　　）。
   A. 命令模式　　B. 编辑模式　　C. 插入模式　　D. 底行模式
4. DNS 域名解析主要包含以下两种类型（　　）。
   A. 命令域名解析　　B. 正向域名解析　　C. 迭代域名解析　　D. 反向域名解析
5. 管理员可以修改 VSFTP 服务器的基本配置和 FTP 站点的信息，以下描述正确的是（　　）。
   A.anonymous_enable=YES// 设置启用匿名用户
   B.local_enable=YES// 设置启用远程用户
   C.listen_address=127.0.0.1// 设置 VSFTP 监听的 IPv4 地址
   D.local_root=/var/ftp// 设置本地用户默认的 FTP 主目录

三、项目实训题

1. 项目背景与需求

Jan16 公司规划采用 CentOS 8 服务器操作系统部署 FTP 文件共享服务,并且允许用户通过 DNS 域名的方式访问,DNS 和 FTP 服务分别部署在两台独立的服务器上。根据公司的网络规划,划分 VLAN1 和 VLAN2 两个网段给两台服务器互联使用,网络地址分别为:172.20.0.0/24 和 172.21.0.0/24。Jan16 公司的网络拓扑如图 6-4 所示。

图 6-4　Jan16 公司的网络拓扑

公司希望网络管理员在实现各部门互联互通的基础上完成 FTP 文件共享服务器和 DNS 服务器的部署,具体需求如下。

(1)在 FTP 服务器上创建两个基于 IP+ 端口的 FTP 站点(ftp1 和 ftp2),目录分别为 /var/ftp1 和 /var/ftp2,FTP 站点信息见表 6-10 所示。

表 6-10　FTP 站点信息

FTP 主机	IP 地址	共享目录	监听端口
FTP 服务器	172.20.0.1/24	/var/ftp1	2121
		/var/ftp2	2122

(2)在 FTP 服务器中,FTP1 站点分别启用虚拟用户,ftp1 的虚拟用户为 tom 和 jack,tom 用户的主目录为 /var/ftp1/tom,jack 用户的主目录为 /var/FTP1/jack,tom 用户对其主目录有写权限(创建目录、上传文件),无其他权限,jack 用户对其主目录只有读取权限,无其他权限。

(3)在 FTP 服务器中,FTP2 站点允许使用匿名用户 FTPA 进行访问,默认的 FTP 目录为 /var/ftp2,匿名用户仅允许下载,不可上传。

(4)DNS 服务器用于部署 DNS 域名解析服务,主要让客户端可以使用域名方式访问 FTP 站点。DNS 服务器域名信息见表 6-11 所示。

表6-11　DNS服务器域名信息

DNS主机	域名	域名A记录	域名对应IP地址	用途
DNS服务器	jan16.cn	ftp1.jan16.cn	172.20.0.1	ftp1站点域名
		ftp2.jan16.cn	172.20.0.1	ftp2站点域名

（5）在客户端使用域名访问FTP站点，测试FTP站点的读写权限。

2. 项目实施要求

（1）根据Jan16公司的网络拓扑，补充完成计算机的TCP/IP相关配置信息，填写表6-12至表6-14。

表6-12　FTP服务器的IP信息规划表

FTP服务器IP信息	
计算机名	
IP/掩码	
网关	
DNS	

表6-13　DNS服务器的IP信息规划表

DNS服务器IP信息	
计算机名	
IP/掩码	
网关	
DNS	

表6-14　客户端的IP信息规划表

客户端IP信息	
计算机名	
IP/掩码	
网关	
DNS	

（2）根据项目要求，完成计算机的互联互通，并截取以下结果。

● 在FTP服务器的终端命令行运行"ss -tlnp|grep 21"的结果。

- 在 DNS 服务器的终端命令行运行"systemctl status named"的结果。
- 在客户端的终端命令行运行"ip route show"的结果。
- 在客户端的终端命令行运行"ftp -n ftp1.jan16.cn",执行"user tom 用户密码"以 tom 身份登录 FTP1 站点,然后创建名为 ftp1_file 的目录,运行"dir"命令显示出来,并截图。
- 在客户端的终端命令行运行"ftp -n ftp2.jan16.cn",然后执行"user ftpB"以 ftpB 身份登录 FTP2 站点,尝试上传 /root/anaconda-ks.cfg 文件,并截图。

项目 7

基于 LAMP 部署 ERP 系统

学习目标

① 掌握 MySQL、PHP 的基本概念。
② 能通过源码方式搭建基于 LAMP 的服务架构。
③ 能搭建基于 Linux 的 Web 服务器，并对 Web 服务器进行基本配置。
④ 能搭建基于 Linux 的数据库服务器，能运用数据库语句管理数据库。
⑤ 掌握多区域企业组织架构下 DNS 服务的部署业务实施流程和职业素养。

项目描述

随着 Jan16 公司云数据中心项目的推进，DNS、FTP 等基础架构服务已经顺利迁移到云数据平台中，接下来公司将逐步将业务系统也迁移到云数据平台中。本项目要求为公司 ERP 系统的迁移做好准备工作，项目网络拓扑如图 7-1 所示。

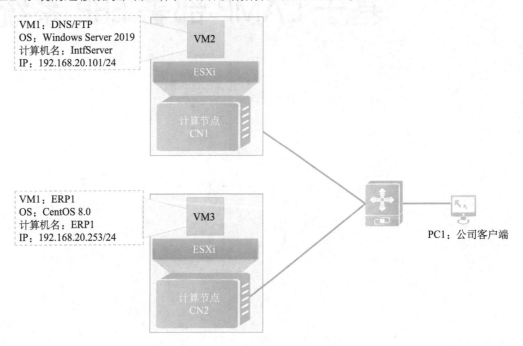

图 7-1　项目网络拓扑

VM2 为计算节点 CN1 上的一台虚拟机，承载公司的 DNS 和 FTP 服务；VM3 是计算节点 CN2 上的一台虚拟机，承载公司的 ERP 系统，是本项目的实施对象。

考虑到 ERP 系统的复杂性和公司生产安全，系统管理员将先部署 ERP 的运行平台，待测试通过后再将公司的 ERP 系统部署到云数据平台中。用于测试的 ERP 数据库已经拷贝到 U 盘中，虚拟机 VM3 已经安装好系统，其配置信息见表 7-1。

表 7-1　虚拟机 VM3 配置信息

配置名称	配置信息
处理器	2 核心 2 线程
内存	2GB
硬盘	100GB
IP 地址	192.168.20.253/24
计算机名	ERP1
操作系统	CentOS8.0
U 盘挂载路径	/usb

ERP 系统部署环境要求见表 7-2。

表 7-2　ERP 系统部署环境要求

配置名称	配置要求
站点访问地址	http://erp.jan16.cn
服务端口	80
站点根目录	/var/www/html/erp
网站架构	MySQL+PHP+Apache
站点首页	index.php

根据对原 ERP 系统部署平台的调研信息，其网站和数据库软件对应的服务平台版本信息见表 7-3 所示。

表 7-3　ERP 软件对应的服务平台版本信息

软件名称	使用版本号
Apache	2.4.43
PHP	7.4.7
MySQL	8.0.20

其中，ERP 系统的 MySQL 数据库配置环境见表 7-4。

表 7-4　ERP 系统的 MySQL 数据库配置环境

配置名称	配置要求
设备名	VM3
监听端口	3306
数据库管理员	root
管理员密码	ERP_Jan16@123
数据目录	/data/mysql
实例名	ERP
ERP 系统用户表	erp_user

测试的 ERP 系统各页面功能见表 7-5。

表 7-5　ERP 系统各页面功能

页面名称	用途
index.php	ERP 系统首页，提供用户密码输入的表单和登录按钮
login.php	ERP 系统登入页，主要提供用户有效性的判断和处理机制
erp_manager.php	ERP 系统管理页，目前仅提供欢迎语、用户登录时间显示及退出的功能，其他功能代码需由 PHP 工程师补充开发
logout.php	ERP 系统退出页，提供用户退出和清理用户会话信息的机制

U 盘数据内容见表 7-6。

表 7-6　U 盘数据内容

目录及文件路径	实际用途
/usb/ERP.dump	ERP 数据库备份
/usb/erp	存放 ERP 系统的站点文件

项目分析

根据项目描述，虚拟机 VM3 已完成 CentOS 8 系统的安装，ERP 系统测试数据库已经

项目7 基于LAMP部署ERP系统

存储在 U 盘中。因此，本项目需要在虚拟机 VM3 上部署 LAMP 服务平台，并将 U 盘中的测试数据库在 LAMP 平台中发布和测试，以完成 ERP 部署前的测试任务。

因此，本项目可以通过以下工作任务来完成：
（1）部署 MySQL 数据库服务，将测试数据库导入到该数据库中。
（2）部署 Apache 和 PHP 服务，完成站点发布的服务平台支撑。
（3）部署 ERP 系统，测试 PHP 站点和 MySQL 数据库工作是否正常。

项目相关知识

7.1 LAMP 的简介

LAMP 是基于 Linux+Apache+MySQL/MariaDB+PHP 的 Web 应用服务软件组合，通常用于 PHP 动态网站的发布。

7.2 Linux 系统中的 Web 服务配置

在 Linux 系统中，搭建 Web 服务的开源软件有 Apache、Nginx 等。本项目使用的 Web 软件是 Apache，它驻留在后台的服务名称为 httpd。

在 CentOS 8 系统中，用户可以通过本地软件仓库源安装 Apache，安装命令如下。

```
yum install httpd
```

通过 yum 命令安装的 Apache 软件可能不是最新的，如果用户需要最新版本的 Apache 软件，可以通过在官网下载源代码包后自行编译和安装，常见的编译安装步骤见表 7-7。

表 7-7 Apache 软件源代码编译步骤

安装步骤	说明
tar -xzf httpd-x.tar.gz	解压 x 版本的 Apache 源代码包
cd http-x	切换到解压后的源代码包目录下
./configure	预配置源代码
make	编译源代码
make install	安装源代码到系统中

Apache 默认的编译安装路径是 /usr/local/apache2，在此目录下存放着 Apache 软件的几个重要文件或目录，具体介绍如下。

（1）/usr/local/apache2/bin：Apache 的脚本目录，主要用于存放管理 Apache 软件相关功能的脚本文件，其中 apachectl 文件用于管理 httpd 服务，其使用方式见表 7-8。

表 7-8　apachect1 文件的使用方式

使用方式	说明
/usr/local/apache2/bin/apachectl start	启动 httpd 服务
/usr/local/apache2/bin/apachectl stop	停止 httpd 服务
/usr/local/apache2/bin/apachectl restart	重新启动 httpd 服务

（2）/usr/local/apache2/conf：Apache 的配置文件目录，主要用于存放 Apache 的配置文件，其中名称为 httpd.conf 的文件是 Apache 主配置文件，其常用的代码如下。

```
ServerRoot "/usr/local/apache2"           # 设置 httpd 服务的根目录
Listen 80                                  # 设置 httpd 服务监听 IP 和端口号
LoadModule php7_module modules/libphp7.so # 设置 Apache 加载 php 模块
ServerName example.com:80                  # 设置 Apache 的主机名
User daemon                                # 设置运行 httpd 服务的用户身份
Group daemon                               # 设置运行 httpd 服务的用户组身份
<Directory />                              # 设置目录的访问权限
 AllowOverride none                        # 设置此目录的功能参数不可被覆盖
 Require all denied                        # 设置拒绝所有对此目录的操作请求
</Directory>                               # 表示对目录访问权限的配置结束
DocumentRoot "/usr/local/apache2/htdocs"  # 设置 Apache 的网站数据目录
DirectoryIndex index.html                  # 设置默认首页的名称
Alias VirtualName RealName                 # 设置网站的虚拟目录
<VirtualHost 192.168.1.1:8000>             # 设置虚拟主机，用于多站点的建设
 DocumentRoot /var/www/8000                # 设置虚拟主机的网站数据目录
 ServerName 192.168.1.1:8000               # 设置虚拟主机的主机名
</VirtualHost>                             # 表示对虚拟主机的配置结束
```

（3）/usr/local/apache2/htdocs：Apache 默认的网站数据目录，在目录下存放着一个名为 index.html 的文件，此文件作为 Apache 默认的网站首页。

（4）/usr/local/apache2/modules：Apache 默认的模块存放目录，Apache 支持的外部插

件和模块文件均存放在此目录下，管理员可通过在 httpd.conf 主配置文件目录中编写代码（LoadModule 模块名 模块存放路径）进行加载。

7.3 Linux 中的 MySQL 服务配置

MySQL 是 Oracle 公司旗下的一个关系型数据库管理系统，它是使用 C 和 C++ 语言编写的，具有很强的可移植性，支持 Windows、Linux、Mac 等多种操作系统，具有体积小、运行速度快等优点。在 CentOS 7 版本以前的操作系统中默认使用的数据库软件是 MySQL，其默认的服务名称为 mysqld，CentOS 7 版本以后的操作系统则被 MariaDB 取代。因此，用户如果需要在 CentOS 8 系统中部署 MySQL 数据库，可以通过编译源代码的方式安装，常用的编译安装步骤见表 7-9。

表 7-9 MySQL 编译安装步骤

安装步骤	说明
tar -xzf mysql-x.tar.gz	解压下载的 MySQL-x 版本的源代码包
cd mysql-x	切换目录到解压后的源代码目录下
cmake . -L	使用 cmake 工具预配置 MySQL 源代码
make	编译源代码
make install	安装源代码

MySQL 默认的编译安装路径是 /usr/local/mysql，MySQL 中有几个文件或目录对管理员来说是比较重要的，具体介绍如下。

（1）/usr/local/mysql/bin：MySQL 管理脚本存放目录。MySQL 的许多脚本都保存在此目录下，如 mysqld（用于启动数据库进程的脚本）、mysql_secure_installation（用于安全安装数据库的脚本）、mysql（用于连接数据库命令行的脚本）等。

（2）/etc/my.cnf：MySQLd 服务默认的配置文件。管理员可以通过编辑此文件的配置信息来设定 MySQLd 启动时的默认配置，如端口号、数据目录路径、用户身份等。此文件常用代码如下。

```
[mysqld]                          # 表示设置 MySQLd 服务
port=3306                         # 设置 MySQLd 默认监听的端口号
datadir=/data/mysql               # 设置 MySQL 默认的数据目录路径
basedir=/usr/local/mysql          # 设置 MySQL 服务默认的配置目录
user=mysql                        # 设置运行 MySQLd 服务的用户身份
```

（3）/usr/local/mysql/bin/mysql：用于连接 MySQL 数据库命令行的脚本文件，其常见的使用方法如下。

bin/mysql -u user -p password	以 user 身份通过 password 登录数据库
bin/mysql -e "SQL COMMAND"	使用非交互的方式执行数据库目录
bin/mysql -h hostname -p 3306	登录主机名为 hostname、端口为 3306 的数据库

7.4 数据库管理语句

MySQL 数据库遵循 SQL（结构化查询语言）标准，管理员通过 SQL 语句可以进行数据的查询、新增、更新、删除等操作。常见的 SQL 语句见表 7-10。

表 7-10 常见 SQL 语句

语句	说明
show databases;	列出 MySQL 中的数据库实例
show tables;	列出某数据库实例中的所有数据库表
create database aaa;	创建名为 aaa 的数据库实例
create table abc (colum1 INT(11));	创建名为 abc 的数据库表，表的第一列字段名为 colum1
use mysql;	切换使用名为 MySQLd 的数据库实例
update user set host=myhost where user=root;	更新 user 表中 user 字段为 root 记录中 host 字段的值为 myhost
insert into user (host,user) values (myhost,root);	向 user 表中 host 和 user 字段分别插入值 myhost 和 root
select host,user from user;	从 user 表中查询记录并以 host,user 的形式排列显示
create 'root'@'localhost' identified by password	在名为 localhost 的主机中创建 root 用户，密码为 password
grant all on mysql.* to 'root'@'localhost'	为 localhos 主机中的 root 用户授权，授权范围包括 MySQL 数据库的所有操作权限

7.5 PHP 简介

PHP（超文本预处理器）是一种被广泛应用的开源的多用途脚本语言，它可嵌入到

HTML 中,是进行 Web 开发的语言之一。PHP 是运行在服务端的脚本程序,通过 PHP 可以代替 Web 的 CGI 模块完成客户端的请求,如发送或接收表单数据、生成动态网页、记录用户会话信息等。目前,PHP 主要用于服务器端脚本、命令行脚本和桌面应用程序等领域。PHP 可以在当前主流的操作系统上部署,如 Windows、Linux、Mac OS 等。PHP 支持大多数的 Web 服务器软件,如 Apache、Nginx 等。另外,PHP 还支持当前主流的数据库,如 MySQL、Oracle 等,允许用户通过 PHP 的抽象层或 ODBC 扩展模块连接到任何支持 ODBC 标准的数据库,使得 PHP 切换后端使用的数据库软件时只要更改语法即可,让用户编写需要数据库支持的网页变得简单。这也是 PHP 强大和显著的特性之一。

项目实践

任务 7-1 部署 MySQL 数据库服务

1. 任务规划

在本任务中将以源代码方式部署 MySQL 数据库服务,初始化数据库,实施步骤如下:
(1)初始化 ERP1 主机系统;
(2)部署编译工具及 MySQL 依赖的软件,为编译安装 MySQL 提供基础条件;
(3)编译并安装 MySQL 软件,提供数据库服务;
(4)初始化 MySQL 数据库,对 MySQL 进行安全配置;
(5)设置 MySQL 系统服务,支持用户通过 Systemd 管理数据库进程和设置开机自启动功能;
(6)设置环境变量,支持用户直接使用 MySQL 管理脚本。

2. 任务实施

1)初始化 ERP1 主机系统
(1)在云计算平台中打开虚拟机 VM3,并进入 CentOS 8 操作系统。
(2)修改 ERP1 虚拟机的主机名为 ERP1。

```
[root@localhost ~]# hostnamectl set-hostname ERP1
```

（3）在 ERP1 系统中通过 mount 命令挂载 CentOS8 操作系统镜像。

```
[root@ERP1 ~]# mount /dev/cdrom /mnt
mount: /mnt: WARNING: device write-protected, mounted read-only.
```

（4）修改 ERP1 的网络配置文件，设置 IP 为 192.168.20.101/24，DNS 为 192.168.20.253/24。

```
[root@ERP1 ~]# vi /etc/sysconfig/network-scripts/ifcfg-ens33
TYPE=Ethernet
BOOTPROTO=static                    // 设置为 static 静态 IP 地址
DEFROUTE=yes
NAME=ens33
DEVICE=ens33
ONBOOT=yes                          // 设置网卡为开机自启动
IPADDR=192.168.20.101               // 设置网卡 IP 地址
NETMASK=255.255.255.0               // 设置子网掩码
GATEWAY=192.168.20.254              // 设置网关 IP 地址
DNS1=192.168.20.253                 // 设置主 DNS 服务器的 IP 地址
[root@ERP1 ~]# nmcli connection reload
```

（5）通过 vi 命令创建并编辑 local.repo 仓库源配置文件，构建本地 Yum 软件仓库源。这里将 /etc/yum.repos.d 目录下所有以【Centos-】开头的文件备份到 /etc/yum.repos.d/backup 目录下，避免其影响本地的 Yum 软件仓库。

```
[root@ERP1 ~]# mkdir /etc/yum.repos.d/backup
[root@ERP1 ~]# mv /etc/yum.repos.d/CentOS-* /etc/yum.repos.d/backup/
[root@ERP1 ~]# vi /etc/yum.repos.d/local.repo
[AppStream]
name=AppStream
baseurl=file:///mnt/AppStream/
enabled=1
gpgcheck=0
BaseOS]
name=BaseOS
baseurl=file:///mnt/BaseOS
enabled=1
```

项目7 基于LAMP部署ERP系统

```
[gpgcheck=0
[root@ERP1 ~]# yum makecache
AppStream                                      4.2 MB/s | 4.3 kB     00:00
BaseOS                                         3.8 MB/s | 3.9 kB     00:00
```

2）部署编译工具及 MySQL 依赖的软件

（1）通过官网获取 MySQL 数据库源代码包，本任务将使用 mysql-boost-8.0.20.tar.gz。

（2）通过 yum 命令安装用于编译源代码的 gcc、make 和 wget 工具。

```
[root@ERP1 ~]# yum install -y gcc make wget
```

（3）解压 MySQL 源代码包到 /usr/local 目录下，解压后将得到名为 mysql-8.0.20 的目录。

```
[root@ERP1 ~]# tar -xzf mysql-boost-8.0.20.tar.gz -C /usr/local
```

（4）安装编译 MySQL 源代码所需的软件工具。

```
[root@ERP1 ~]# yum install cmake ncurses-devel ncurses-compat-libs bison libtirpc-devel autoconf automake
```

（5）通过网络获取 MySQL 依赖的软件 boost 和 rpcsvc-proto 的源代码包，这里下载的源代码包文件包括 boost_1_73_0.tar.gz 和 rpcsvc-proto-1.4.tar.gz，接下来需将这些软件包解压到 /usr/local 目录下。

```
[root@ERP1 ~]# tar xzf boost_1_70_0.tar.gz -C /usr/local/
[root@ERP1 ~]# tar xzf rpcsvc-proto-1.4.tar.gz -C /usr/local/
```

（6）切换到 /usr/local/rpcsvc-proto-1.4 目录下，执行 autogen.sh 脚本生成预配置文件，然后预配置并编译安装 MySQL 依赖包 rpcsvc-proto。

```
[root@ERP1 ~]# cd /usr/local/rpcsvc-proto-1.4
```

```
[root@ERP1 rpcsvc-proto-1.4]# ./autogen.sh
[root@ERP1 rpcsvc-proto-1.4]# ./configure && make && make install
```

3）编译并安装 MySQL 软件

（1）切换至解压后的 MySQL 源码目录，使用 cmake 工具预编译 MySQL 软件源码。

```
[root@ERP1 rpcsvc-proto-1.4]# cd /usr/local/mysql-8.0.20/
[root@ERP1 mysql-8.0.20]# cmake . -L -DFORCE_INSOURCE_BUILD=1 -DWITH_BOOST=/usr/local/boost/
```

编译并安装 MySQL。

```
[root@ERP1 mysql-8.0.20]# make && make install
```

4）初始化 MySQL 数据库

（1）创建 MySQL 数据目录和用于运行 MySQLd 服务的用户，更改 MySQL 数据目录的所属主和所属组为 mysql，然后修改其目录权限为 750。

```
[root@ERP1 ~]# cd /usr/local/mysql
[root@ERP1 ~]# mkdir -p /data/mysql
[root@ERP1 ~]# useradd -r -g mysql -s /bin/false mysql
[root@ERP1 ~]# chown mysql:mysql /data/mysql
[root@ERP1 ~]# chmod 750 /data/mysql
```

（2）使用 mysql 用户身份初始化 MySQL 数据库目录，获取数据库 root 用户的初始密码。

```
[root@ERP1 mysql]# ./bin/mysqld --initialize --user=mysql
2020-06-16T05:15:18.549816Z 0 [System] [MY-013169] [Server] /usr/local/mysql/bin/mysqld (mysqld 8.0.20) initializing of server in progress as process 50054
 ...省略部分内容
2020-06-16T05:15:20.555137Z 6 [Note] [MY-010454] [Server] A temporary password is generated for root@localhost: mwpGidv2*do2        # root 密码为 mwpGidv2*do2
```

（3）创建 MySQL 数据库默认配置文件 /etc/my.cnf，添加 port、datadir、basedir、user 和 default_authentication_plugin 的设置。

```
[root@ERP1 mysql]# vi /etc/my.cnf
[mysqld]
port=3306
datadir=/data/mysql
basedir=/usr/local/mysql
user=mysql
default_authentication_plugin=mysql_native_password    #设置数据库用户默认使用的认证插件
```

（4）以后台方式启动数据库服务，并执行 mysql_secure_installation 安全配置脚本，重置数据库用户的密码。

```
[root@ERP1 mysql]# ./bin/mysqld &
[root@ERP1 mysql]# ./bin/mysql_secure_installation
Securing the MySQL server deployment.
Enter password for user root:              #输入上面获取到的 root 初始密码
The existing password for the user account root has expireD.Please set
a new password.
New password:              #设置新的 root 密码，输入 ERP_Jan16@123
Re-enter new password:              #再次输入 ERP_Jan16@123
VALIDATE PASSWORD COMPONENT can be used to test passwords
and improve security. It checks the strength of password
and allows the users to set only those passwords which are
secure enough. Would you like to setup VALIDATE PASSWORD component?
Press y|Y for Yes, any other key for No: n    #询问是否设置密码验证组件
Using existing password for root.
Change the password for root ? ((Press y|Y for Yes, any other key for No) : n
#询问是否重新设置 root 密码，由于前面已经设置过了，这里输入 n 即可
... skipping.
By default, a MySQL installation has an anonymous user,
allowing anyone to log into MySQL without having to have
a user account created for them. This is intended only for
testing, and to make the installation go a bit smoother.
You should remove them before moving into a production
environment.
```

```
  Remove anonymous users? (Press y|Y for Yes, any other key for No) : y
  # 询问是否移除匿名用户，输入 Y 表示移除
  Success.
  Normally, root should only be allowed to connect from
  'localhost'. This ensures that someone cannot guess at
  the root password from the network.
  Disallow root login remotely? (Press y|Y for Yes, any other key for No) : y
  # 询问是否移除不允许 root 用户登录的设置，这里输入 Y 表示允许 root 用户登录
  Success.
  By default, MySQL comes with a database named 'test' that
  anyone can access. This is also intended only for testing,
  and should be removed before moving into a production
  environment.
  Remove test database and access to it? (Press y|Y for Yes, any other key for No) : y   # 这里询问是否删除测试数据库 test，输入 Y 表示删除
   - Dropping test database...
  Success.
   - Removing privileges on test database...
  Success.
  Reloading the privilege tables will ensure that all changes
  made so far will take effect immediately.
  Reload privilege tables now? (Press y|Y for Yes, any other key for No) : y
  # 询问是否刷新权限，输入 Y 表示重新刷新
  Success.
  All done!
```

5）设置 MySQL 系统服务

（1）设置 MySQL 系统服务并使用 systemctl 命令重启 MySQL 数据库服务。

```
[root@ERP1 ~]# touch /usr/lib/systemd/system/mysqld.service
[root@ERP1 ~]# chmod 644 /usr/lib/systemd/system/mysqld.service
[root@ERP1 ~]# vi /usr/lib/systemd/system/mysqld.service
[Unit]
Description=MySQL Server
Documentation=man:mysqld(8)
After=network.target
After=syslog.target
[Install]
```

```
  WantedBy=multi-user.target
  [Service]
  User=mysql
  Group=mysql
  Type=notify
  TimeoutSec=0
  ExecStart=/usr/local/mysql/bin/mysqld --defaults-file=/etc/my.cnf
$MYSQLD_OPTS
  EnvironmentFile=-/etc/sysconfig/mysql
  LimitNOFILE = 10000
  Restart=on-failure
  RestartPreventExitStatus=1
  Environment=MYSQLD_PARENT_PID=1
  PrivateTmp=false
  [root@ERP1 ~]# systemctl restart mysqld
```

（2）设置数据库服务为开机自启动

```
[root@ERP1 ~]# systemctl restart mysqld
```

6）设置环境变量

（1）编辑 /etc/profile 系统环境变量文件，将 MySQL 可执行文件目录添加到 PATH 变量中。

```
[root@ERP1 ~]# vi /etc/profile
## 写入如下内容后保存退出
export PATH=$PATH:/usr/local/mysql/bin/
```

（2）重新读取系统环境变量文件，生效环境变量的配置。

```
[root@ERP1 ~]# source /etc/profile
```

3. 任务验证

（1）在 ERP1 中执行命令【mysql -uroot -pERP_Jan16@123 -e 'show databases;'】，查

看数据库实例的列表，可看到名为 ERP 的数据库实例。

```
[root@ERP1 ~]# mysql -uroot -pERP_Jan16@123 -e 'show databases;'
+--------------------+
| Database           |
+--------------------+
| ERP                |
| information_schema |
| mysql              |
| performance_schema |
| sys                |
+--------------------+
```

（2）在 ERP1 中 /root 目录下执行命令【mysql -uroot -pERP_Jan16@123】，登录数据库。

```
[root@ERP1    ~]# mysql -uroot -pERP_Jan16@123
   Welcome to the MySQL monitor.  Commands end with ; or \g.
   Your MySQL connection id is 10
   Server version: 8.0.20 Source distribution
   Copyright (c) 2000, 2020, Oracle and/or its affiliates. All rights
reserved.
   Oracle is a registered trademark of Oracle Corporation and/or its
   affiliates. Other names may be trademarks of their respective
   owners.
   Type 'help;' or '\h' for help. Type '\c' to clear the current input
statement.
   mysql>
```

任务 7-2　部署 Apache 和 PHP 服务

1. 任务规划

在本任务中主要需要完成 Apache 和 PHP 架构的源代码方式的部署，使得 Apache 软件能调用 PHP 语言环境，为 ERP 系统提供 PHP 语言支持，实施步骤如下：

（1）安装 Apache 及其依赖软件；

（2）安装 PHP 及其依赖软件；

（3）配置 Apache 主配置文件参数，允许 Apache 调用 PHP 功能模块；
（4）启动 Apache 服务。

2. 任务实施

1）安装 Apache 及其依赖软件
（1）通过 yum 命令安装用于编译源代码的 gcc、make 和 wget 工具。

```
[root@ERP1 ~]# yum install -y pcre-devel expat-devel
```

（2）通过官网获取 Apache 源代码包和依赖组件的源代码包，下载完成应得到 httpd-2.4.43.tar.gz、apr-1.7.0.tar.gz 和 apr-util-1.6.1.tar.gz 等压缩包文件，默认存放路径为 /root。
（3）解压 Apache 源代码包 httpd-2.4.43.tar.gz，得到名为 httpd-2.4.43 的目录。

```
[root@ERP1 ~]# tar -zxf httpd-2.4.43.tar.gz
```

（4）解压下载好的依赖组件源代码包的 apr-1.7.0.tar.gz 和 apr-util-1.6.1.tar.gz 文件到 httpd-2.4.43/srclib/ 目录下。

```
[root@ERP1 ~]# tar -zxf apr-1.7.0.tar.gz -C httpd-2.4.43/srclib/
[root@ERP1 ~]# tar -zxf apr-util-1.6.1.tar.gz -C httpd-2.4.43/srclib/
```

（5）切换到 /root/httpd-2.4.43/srclib/ 目录下，将 apr-1.7.0 目录名修改为 apr，将 apr-util-1.6.1 目录名修改为 apr-util。

```
[root@ERP1 ~]# cd /root/httpd-2.4.43/srclib/
[root@ERP1 srclib]# mv apr-1.7.0 apr
[root@ERP1 srclib]# mv apr-util-1.6.1 apr-util
```

（6）切换目录到 httpd-2.4.43 下，执行 configure 脚本预编译源代码包。

```
[root@ERP1 httpd-2.4.43]# ./configure --with-included-apr --enable-so
```

(7)编译并安装 Apache 源代码包。

```
[root@ERP1 httpd-2.4.43]# make && make install
```

2)安装 PHP 及其依赖软件

(1)通过官网获取 PHP 软件源代码包,这里下载得到的源代码包文件名为 php-7.4.7.tar.gz,默认存放路径为 /root。

(2)通过 yum 命令安装 PHP 软件依赖包。

```
[root@ERP1 ~]# yum install libxml2-devel sqllite-devel
```

(3)解压 PHP 软件源代码包到 /usr/local/ 目录下,得到名为 php-7.4.7 的目录.

```
[root@ERP1 ~]# tar -xzf php-7.4.7.tar.gz -C /usr/local/
```

(4)切换到解压后的 PHP 源代码目录,运行 configure 脚本预配置 PHP 源代码。

```
[root@ERP1 ~]# cd /usr/local/php-7.4.7/
[root@ERP1 php-7.4.7]# ./configure --with-apxs2=/usr/local/apache2/bin/apxs --with-mysqli
```

(5)编译并安装 PHP 软件。

```
[root@ERP1 php-7.4.7]# make && make install
```

3)配置 Apache 主配置文件参数

(1)复制 PHP 主配置文件模板到 /usr/local/lib 目录下作为 PHP 的主配置文件。

```
[root@ERP1 php-7.4.7]# cp php.ini-development /usr/local/lib/php.ini
```

修改 Apache 主配置文件，配置 Apache 软件允许调用 PHP 模块，设置 Apache 默认使用 PHP 语言解析扩展名为【.php】的文件。

```
[root@ERP1 ~]# vi /usr/local/apache2/conf/httpd.conf
<IfModule dir_module>
 DirectoryIndex index.php index.html
</IfModule>
LoadModule php7_module modules/libphp7.so
<FilesMatch \.php$>
 SetHandler application/x-httpd-php
</FilesMatch>
```

4）启动 Apache 服务

启动 HTTP 站点，为简化测试过程，临时关闭防火墙。

```
[root@ERP1 ~]# /usr/local/apache2/bin/apachectl restart
[root@ERP1 ~]# systemctl stop firewalld
```

3. 任务验证

（1）在 ERP1 使用【ss -tlnp|grep 80】命令查看 HTTP 服务监听端口的运行情况，可以查看到 80 端口为 LISTEN 状态，表示 HTTP 服务已启用。

```
[root@ERP1 ~]# ss -tlnp |grep 80
  LISTEN 0 128 *:80 *:*      users:(("httpd",pid=68311,fd=4),("httpd",pid=68310,fd=4),("httpd",pid=68309,fd=4),("httpd",pid=67804,fd=4))
```

（2）在 PC 端使用【curl erp.jan16.cn】命令测试网页打开的情况，此时应能正常打开网页并显示【It works!】的内容。

```
[root@pc ~]# curl erp.jan16.cn
It works!
```

（3）在 ERP1 上执行命令【echo "<?php phpinfo(); ?>" > /usr/local/apache2/htdocs/index.php】，再返回 PC 端使用 Firefox 浏览器访问【erp.jan16.cn/index.php】，查看到的页面应如

图 7-2 所示。

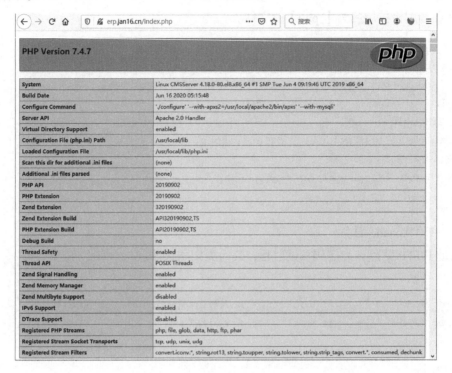

图 7-2 访问【erp.jan16.cn/index.php】页面结果

任务 7-3 部署 ERP 系统

1. 任务规划

在本任务中需要在 VM3 设备上部署 ERP 系统，实施步骤如下：
（1）从 U 盘导入 ERP 数据库；
（2）更新数据库权限配置，允许外部 IP 地址访问数据库；
（3）更改 Apache 主配置文件参数，发布 ERP 站点；
（4）从 U 盘导入 ERP 站点文件；
（5）重启 Apache 服务。

2. 任务实施

1）从 U 盘导入 ERP 数据库

（1）在本项目中，ERP 数据库文件为 ERP.dump，其中包含了表数据信息。导入 ERP 数据库前，网络管理员需要首先创建一个同名的空数据库实例。

```
[root@ERP1 ~]# mysql -uroot -pERP_Jan16@123 -e 'create database ERP;'
```

（2）通过【mysqldump】命令恢复 ERP 数据库的表数据。

```
[root@ERP1 ~]# mysql -uroot -pERP_Jan16@123 ERP < /usb/ERP.dump
```

2）更新数据库权限配置，允许外部 IP 地址访问数据库

登录数据库，设置名为 ERP 的数据库允许外部的 IP 地址访问。

```
[root@ERP1 ~]# mysql -uroot -pERP_Jan16@123
mysql> create user 'root' @' %' identified by 'ERP_Jan16@123';
mysql> grant all on ERP.* to 'root' @' %';
mysql> flush privileges;
mysql> exit
```

3）更改 Apache 主配置文件参数，发布 ERP 站点

```
[root@ERP1 ~]# vi /usr/local/apache2/conf/httpd.conf
ServerName erp.jan16.cn:80
#DocumentRoot "/usr/local/apache2/htdocs"   # 注释原站点数据目录的设置
DocumentRoot "/var/www/html/erp"    # 设置 ERP 站点根目录为 /var/www/html/erp
<Directory "/var/www/html/erp" >    # 为根目录设置访问权限
 AllowOverride None
 Require all granted
</Directory>
```

4）从 U 盘导入 ERP 站点文件

（1）在本项目中，U 盘的 erp 目录下存放着 ERP 站点文件，网络管理员首先需要从 U 盘中通过【cp】命令导入 ERP 站点文件到【/var/www/html/erp】目录下。

```
[root@ERP1 ~]# cp -a /usb/erp/* /var/www/html/erp/
```

配置站点根目录的访问权限为 777（具备读取、写入和执行权限）。

```
[root@ERP1 ~]# chmod -R 777 /var/www/html/erp
```

5）重启 Apache 服务

重新启动 HTTP 站点，生效 Apache 的新配置内容。

```
[root@ERP1 ~]# /usr/local/apache2/bin/apachectl restart
```

3. 任务验证

通过 Firefox 浏览器访问 erp.jan16.cn，登录页如图 7-3 所示。

图 7-3　erp.jan16.cn 登录页

课后练习

一、单选题

1. Apache 的主要功能是（　　）。

　　A. 收发电子邮件　　B. 提供域名解析　　C. 远程登录　　D. 提供网页服务

2. HTTP 的中文意思是（　　）。

　　A. 高级程序设计语言　　B. 域名　　C. 文件传输协议　　D. 超文本传输协议

3. PHP 的作用是（　　）。

　　A. 转换 ASP 语言　　B. 转换 PHP 语言　　C. 提供动态网页　　D. 设置域名

4. Apache 服务器的默认主配置文件名为（　　）。

　　A. http.conf　　B. named.conf　　C. vsftpd.conf　　D. httpd.conf

5. MySQL 服务器默认监听的端口是（   ）。
   A.20   B.80   C.3306   D.53

二、多选题

1. Linux 操作系统中重启 MySQL 数据库服务的命令，错误的是（   ）。
   A.systemctl enable mysqld   B.systemctl disable mysqld
   C.systemctl restart mysqld   D.systemctl start mysqld
2. 创建一个文本文件 text_file，需执行的语句是（   ）。
   A.shell> mysql db_name < text_file   B.shell> mysql name < text_file
   C.shell> mysql < text_file   D.shell> text_file
3. 目录 bin 的作用是（   ）。
   A. 存放 JSP 编译后产生的 class 文件   B. 存放 tomcat 的脚本
   C. 存放日志文件   D. 关闭 tomcat 的脚本
4. 基于 LAMP 部署 ERP 系统的核心软件有（   ）。
   A. 配置 mysql 数据启动 Tomcat   B.ORACLE
   C. 安装 JDK   D. 安装 Tomcat
5. 开源 ERP 的运行平台支持数据库（   ）。
   A.Oracle   B.SQL Server   C.MySQL   D.OSCAR

三、项目实训题

1. 项目背景与需求

Jan16 公司规划采用 CentOS 8 服务器操作系统建设公司的网上购物商城网站。为了防止业务过载，准备将部署网上购物商城所需的 Web 服务与数据库服务分别部署在两台独立的服务器上，然后再建设 DNS 服务器提供域名解析服务。根据公司的网络规划，划分 VLAN1、VLAN2 和 VLAN3 三个网段给服务器互联使用，网络地址分别为 172.30.0.0/24、172.31.0.0/24 和 172.32.0.0/24。Jan16 公司服务器的网络拓扑如图 7-4 所示。

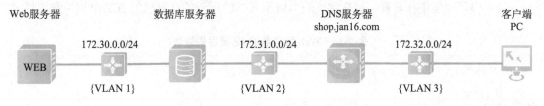

图 7-4　Jan16 公司服务器的网络拓扑

Jan16 公司希望网络管理员在实现各服务器互联互通的基础上完成 Web 服务器、数据库服务器和 DNS 服务器的部署，具体需求如下。

（1）在 Web 服务器上创建基于 DNS 域名的 Web 站点，域名为 shop.Jan16.cn。站点主目录为 /data/shop，Web 站点信息见表 7-11。

表 7-11 Web 站点信息

WEB 主机	域名	共享目录	监听端口
WEB 服务器	shop.jan16.cn	/var/shop	8080

（2）在数据库服务器中，通过编译方式部署 MySQL 服务，主要为商城提供 MySQL 数据库服务，MySQL 数据库信息见表 7-12。

表 7-12 MySQL 数据库信息

数据库主机	监听端口	数据库名	数据库用户	密码	数据库目录
数据库服务器	3306	WP_SHOP	shop	Jan16@Shop	/data/mysql_shop

（3）DNS 服务器用于部署 DNS 域名解析服务，主要让客户端可以使用域名方式访问 Web 站点。DNS 域名信息见表 7-12 所示。

表 7-13 DNS 域名信息

DNS 主机	域名	域名 A 记录	域名对应 IP 地址	用途
DNS 服务器	jan16.cn	shop.jan16.cn	172.31.0.x	WEB 站点的域名

（4）在 Web 服务器上编写 PHP 代码，让网站能展示 PHP 的安装信息，用户单击【时间】按钮之后能显示当前时间。

（5）在客户端上使用域名访问 Web 站点，测试 Web 站点。

2．项目实施要求

（1）根据项目拓扑背景，补充完成表 7-14 至表 7-17 所示的计算机的 TCP/IP 相关配置信息。

表 7-14 Web 服务器的 IP 信息规划表

计算机名	
IP/ 掩码	
网关	
DNS	

项目7 基于LAMP部署ERP系统

表 7-15 数据库服务器的 IP 信息规划表

计算机名	
IP/掩码	
网关	
DNS	

表 7-16 DNS 服务器的 IP 信息规划表

计算机名	
IP/掩码	
网关	
DNS	

表 7-17 客户端的 IP 信息规划表

计算机名	
IP/掩码	
网关	
DNS	

根据项目要求，完成计算机的互联互通，并截取以下结果。

- 在 Web 服务器的终端命令行运行"ss -tlnp|grep 8080"的结果。
- 在 DNS 服务器的终端命令行运行"systemctl status named"的结果。
- 在客户端的终端命令行运行"ip route show"的结果。
- 在客户端的 Firefox 浏览器中访问 shop.jan16.cn 并截图。
- 在客户端的 Firefox 浏览器中单击 shop.jan16.cn 页面中的【时间】按钮后的截图。

项目 8

部署企业的门户网站

学习目标

1. 了解 IIS、Web、URL 的概念与相关知识。
2. 掌握 Web 服务的工作原理与应用。
3. 了解静态网站、ASP/ASP.net 动态网站的发布与应用。
4. 掌握企业网主流 Web 服务的部署业务实施流程和职业素养。

项目描述

Jan16 公司的门户网站早期全部都由原系统开发商托管管理，随着公司规模的扩大和业务发展，考虑到网站的访问效率和数据安全，公司决定将门户网站部署到云数据中心的 VM1 中，具体要求如下：

（1）计算节点 CN1 已经部署了一台虚拟机 VM1，VM1 的配置见表 8-1。

表 8-1 虚拟机 VM1 的配置

配置名称	配置信息
处理器	2 核心 2 线程
内存	2GB
硬盘	100GB
IP 地址	192.168.10.101/24
计算机名	PS1
操作系统	Windows Server 2019 标准版

（2）公司已将门户网站数据存放在 U 盘中，先需要在 VM1 中发布公司门户网站，门户网站配置信息见表 8-2。

表 8-2 门户网站配置信息

配置名称	配置要求
网站架构	ASP.net
站点发布目录	C:\WebSite
站点首页	index.asp
站点访问地址	http://192.168.10.101

项目8 部署企业的门户网站

项目实施拓扑如图 8-1 所示。

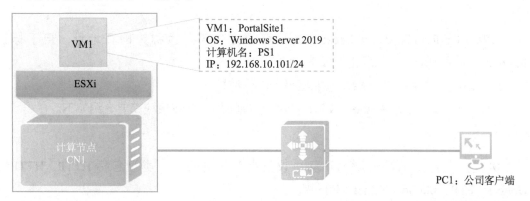

图 8-1 项目实施拓扑

根据项目描述，虚拟机 VM1 已完成 Windows Server 2019 系统的安装，网站数据已经存储在 U 盘中。由此，虚拟机 VM1 通过在 Windows Server2019 系统上安装 IIS 服务管理平台，即可实现公司门户网站的发布与管理。

因此，本项目可以通过在 Windows Server 2019 中部署企业门户网站工作任务来完成。

8.1 Web 的概念

万维网 WWW 是 World Wide Web 的简称，也称为 Web。WWW 中信息资源主要以 Web 文档（或称 Web 页）为基本元素构成，这些文档也称为 Web 页面，是一种超文本（Hypertext）格式的信息，可以是文本、图形、视频、音频等。

Web 上的信息是由彼此关联的文档组成的，而使其连接在一起的是超链接（Hyperlink）。这些链接可以指向内部或其他 Web 页面，彼此交织为网状结构，在 Internet 上构成了一个巨大的信息网。

231

8.2 URL 的概念

URL（Uniform Resource Locator, 统一资源定位符）也称为网页地址，用于标识 Internet 资源的地址，其标准格式如下：

【协议类型 :// 主机名 [: 端口号]/ 路径 / 文件名】

URL 由协议类型、主机名、端口号等信息模块构成，各模块简要介绍如下。

1. 协议类型

协议类型用于标识资源的访问协议类型，常见的协议类型包括 HTTP、HTTPS、Gopher、FTP、Mailto、Telnet、File 等。

2. 主机名

主机名用于标识资源的名字，它可以是域名或 IP 地址。例如：http:// Jan16.cn/index.asp 的主机名为 Jan16.cn。

3. 端口号

端口号用于标识目标服务器的访问端口号，端口号为可选项。如果没有填写端口号，表示采用了协议默认的端口号，如 HTTP 默认的端口号为 80，FTP 默认的端口号为 21。例如："http://www.edu.cn" 和 "http://www.edu.cn:80" 是一样的，因为 80 是 http 的默认端口。再如："http://www.edu.cn:8080" 和 "http://www.edu.cn" 是不同的，因为两个目标服务器的端口号不同。

4. 路径 / 文件名

路径 / 文件名用于指明服务器上某资源的位置。

8.3 Web 服务的类型

目前，最常用的动态网页语言有 ASP/ASP.net（Active Server Pages）、JSP（JavaServer Pages）和 PHP（Hypertext Preprocessor）三种。

- ASP/ASP.net 是由微软公司开发的 Web 服务器端开发环境，利用它可以编写和执行动态的、互动的、高性能的 Web 服务应用程序。
- PHP 是一种开源的服务器端脚本语言。它大量地借用 C、Java 和 Perl 等语言的语法，并耦合 PHP 自己的特性，使 Web 开发者能够快速地编写出动态页面。
- JSP 是 Sun 公司推出的网站开发语言，它可以在 ServerLet 和 JavaBean 的支持下，完成功能强大的 Web 站点程序。

Windows Server 2019 的站点服务支持静态网站、ASP 网站、ASP.net 网站的发布，而 PHP 和 JSP 的发布则需安装 PHP 和 JSP 的服务安装包。通常 PHP 和 JSP 站点都在 Linux 操作系统上发布。

8.4 IIS 简介

Windows Server 2019 家族中的 IIS（Internet Information Services，互联网信息服务），是一款基于 Windows 操作系统的互联网服务软件。利用 IIS 可以在互联网上发布属于自己的 Web 服务，其中包括 Web、FTP、NNTP 和 SMTP 等服务，分别用于承载网站浏览、文件传输、新闻服务和邮件发送等，还支持服务器集群和动态页面扩展（如 ASP、ASP.net）等功能。

IIS 10.0 已内置在 Windows server 2019 操作系统中，开发者利用 IIS 10.0 可以在本地系统上搭建测试服务器，进行网络服务器的调试与开发测试，例如部署 Web 服务和搭建文件下载服务。相比之前的版本，IIS 10.0 提供了如下新的特性：

- 集中式证书，为服务器提供一个 SSL 证书存储区，并且简化对 SSL 绑定的管理。
- 动态 IP 限制，可以让管理员配置 IIS 以阻止访问超过指定请求数的 IP 地址。
- FTP 登录尝试限制，限制在指定时间范围内尝试登录 FTP 账户失败的次数。
- WebSocket 支持，支持部署调试 WebSocket 接口应用程序。
- NUMA 感应的可伸缩性，提供对 NUMA 硬件的支持。
- IIS CPU 节流，通过多用户管理部署中的一个应用程序池，限制 CPU、内存和带宽消耗。

任务　在 Windows Server 2019 中部署企业门户网站

1. 任务规划

公司门户网站采用了 ASP 架构，信息中心网站管理员小彭已经将网站数据复制到虚拟机 VM1 的 "C:\WebSite" 目录下。根据项目要求，在安装了 Windows Server 2019 系统的虚拟机 VM1 上发布 ASP 动态网站，可通过以下几个步骤完成：

（1）安装 Web 服务器角色和功能，添加 IIS 对 ASP 动态网站支持的相关功能。

（2）通过 IIS 发布 ASP 站点。

2. 任务实施

1）安装 Web 服务器角色和功能，添加 IIS 对 ASP 动态网站支持的相关功能

（1）在【服务器管理器】主窗口中，单击【管理（M）】菜单，在菜单列表中选择【添加角色与功能】命令。

（2）在系统弹出的【添加角色与功能向导】对话框中，采用默认设置，连续单击【下一步】按钮，直到进入如图 8-2 所示的【选择服务器角色】对话框，勾选【Web 服务器（IIS）】复选框，在系统弹出的【添加 Web 服务器（IIS）所需的功能？】对话框中，单击【添加功能】按钮，添加 IIS 管理控制台功能，然后单击【下一步】按钮。

图 8-2 【选择服务器角色】对话框

（3）继续采用默认设置，连续单击【下一步】按钮，直到进入如图 8-3 所示的【选择角色服务】对话框，勾选【应用程序开发】下的【ASP】复选框，在系统弹出的【添加 ASP 所需的功能？】对话框中，单击【添加功能】按钮，完成 ASP 功能的添加，然后单击【下一步】按钮。

（4）在【确认安装所选内容】对话框中，单击【安装】按钮，安装完成后单击【关闭】按钮，完成 Web 服务角色与功能的安装。

2）通过 IIS 发布 ASP 站点

项目8 部署企业的门户网站

（1）ASP 网站文件已复制到 Web 服务器的【C:\WebSite】目录下。网站的文件用一个新建的文件来代替，网站首页的文件名为 index.asp，网站的目录和首页的内容如图 8-4 所示。

（2）在【服务器管理器】主窗口中，单击【工具】选项，在下拉列表中选择【Internet Information Services（IIS）管理器】选项，打开如图 8-5 所示的【Internet Information Services（IIS）管理器】窗口。

图 8-3 【选择角色服务】对话框

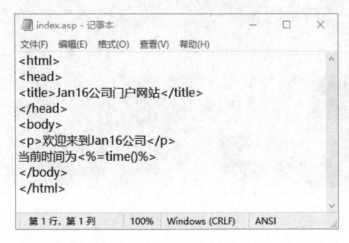

图 8-4 网站的目录和首页的内容

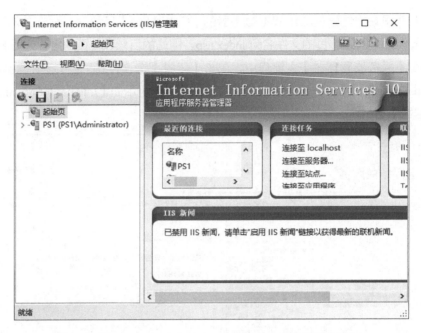

图 8-5 【Internet Information Services（IIS）管理器】窗口

在安装完 Web 服务器角色与功能后，IIS 会默认加载一个【Default Web Site】站点，该站点用于测试 IIS 是否正常工作。此时用户打开这台 Web 服务器的浏览器，并输入网址 http://localhost，如果 IIS 正常工作，则可以打开如图 8-6 所示的网页。

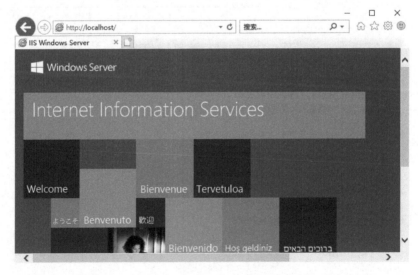

图 8-6 IIS 默认站点的访问

（3）由于该默认站点使用了 80 端口，需要先关闭它来释放 80 端口。单击【Default

Web Site】站点,在右键快捷菜单中选择【管理网站】子菜单下的【停止】命令,即可关闭该站点,操作如图 8-7 所示。

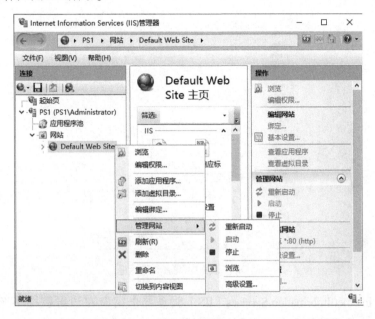

图 8-7　默认站点的停止操作

(4)在如图 8-8 所示的【Internet Information Services(IIS)管理器】窗口中,单击右侧窗格中的【添加网站……】链接,即可创建新网站。

图 8-8　【Internet Information Services(IIS)管理器】窗口

（5）在如图 8-9 所示的【添加网站】对话框中，输入【网站名称（S）】、【物理路径（P）】、【IP 地址（I）】、【端口（O）】，其他保持默认设置。单击【确定】按钮，完成网站创建。

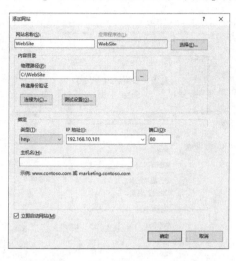

图 8-9 【添加网站】对话框

（3）在【Internet Information Services（IIS）管理器】窗口左边导航栏下选择【WebSite】项，在【WebSite】窗格的【IIS 区域】中单击【默认文档】链接，系统弹出【默认文档】对话框。单击右侧【操作】窗格中的【添加…】链接，在系统弹出的【添加默认文档】对话框中输入【index.asp】，单击【确认】按钮，完成 ASP 站点的配置，操作过程如图 8-10、图 8-11 所示。

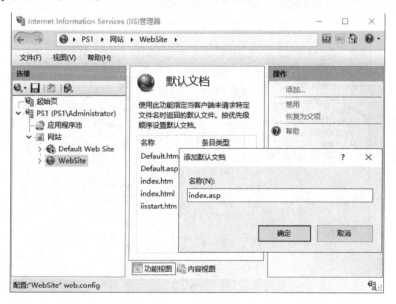

图 8-10 添加默认文档

项目8 部署企业的门户网站

图 8-11　查看默认文档

3. 任务验证

在公司内部客户端（PC1）上使用浏览器访问网站 http://192.168.10.101，结果如图 8-12 所示，客户端成功访问公司的门户网站。

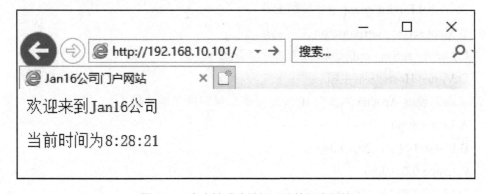

图 8-12　客户端成功访问公司的门户网站

课后练习

一、单选题

1. Web 的主要功能是（　　）。

    A. 传送网上所有类型的文件

    B. 远程登录

    C. 收发电子邮件

    D. 提供浏览网页服务

2. HTTP 的中文意思是（　　）。

    A. 高级程序设计语言　　　　　　　　B. 域名

    C. 超文本传输协议　　　　　　　　　D. 互联网网址

3. 当使用无效凭据的客户端尝试访问未经授权的内容时，IIS 将返回（　　）错误。

    A.401　　　　　B.402　　　　　C.403　　　　　D.404

4. 虚拟目录指的是（　　）。

    A. 位于计算机物理文件系统中的目录

    B. 管理员在 IIS 中指定并映射到本地或远程服务器上的物理目录的目录名称

    C. 一个特定的、包含根应用的目录路径

    D.Web 服务器所在的目录

5. HTTPS 使用的端口是（　　）。

    A.21　　　　　B.23　　　　　C.25　　　　　D.443

二、多选题

1. Apache 的主配置文件 httpd.conf 主要包括（　　）。

    A.Global Environment 全局环境配置

    B.Main server configuration 主服务配置

    C.Deputy server configuration 附加服务配置

    D.Virtual Hosts 虚拟主机

2. 下面对设置 Apache 的监听 IP 地址及端口号写法正确的是（　　）。

    A.Listen 8080

    B.Listen 192.168.20.1:8080

    C.Listen 0.0.0.0:80

    D.Listen 192.168.10.1

3. 下面对设置服务器的主机名称写法正确的是（　　）。

A.ServerName www.jan16.cn

B.ServerName www.jan16.cn:80

C.ServerName 192.168.10.1

D.ServerName 192.168.10.1:80

4. 在 Apache 的 HTTPS 配置中获取证书的方法正确的是（　　）。

A. 创建证书请求并让局域网中的其他机器对该请求进行签名，从而形成证书

B. 自己创建证书

C. 创建证书请求并让知名的 CA 对该请求进行签名，从而形成证书

D. 由局域网中的其他机器创建证书并发送给自己

5. 配置 Apache 的动态 PHP 网站时，下面步骤中（　　）是必要的。

A. 安装 PHP 相关软件包

B. 查看 PHP 配置文件

C. 编写 PHP 程序

D. 将 PHP 程序文件移动到 /var/www/html 目录下

项目 9

部署基于 NLB 的高可用门户网站

学习目标

1. 掌握 NLB 群集的工作原理。
2. 能在 Web 服务器上创建 NLB 群集,实现网站的高可用性。

项目描述

Jan16 公司云数据中心的计算节点 CN1 中部署了两台虚拟机。其中 VM1 为 Web 服务器,VM2 为 ERP 系统,ERP 系统承担公司内部业务访问任务,Web 服务器承担公司门户网站的访问任务。随着公司业务的快速发展,客户在访问公司门户网站时常常抱怨等待时间过长,网络管理员对该 Web 服务器进行了性能监测,发现 VM1 的 CPU 在业务高峰时段平均使用率超过 75%,网络接口使用率超过 70%,Web 站点同时访问用户超过 4000 人。

通过增加 VM1 的计算资源,依然无法解决当前 Web 服务器负载过重的问题。经过分析发现,网络接口使用率过大的瓶颈问题是不能通过增加计算资源来解决的。

鉴于当前 Web 服务器负载过重的问题,公司决定在云数据中心计算节点 CN2 中增加一台虚拟机 VM4,并将门户网站部署到该虚拟机中。同时,利用网络负载平衡(NLB)群集技术实现公司门户网站的高可用性。具体要求如下:

(1)计算节点 CN2 已经部署了一台虚拟机 VM4,VM4 的配置见表 9-1。

表 9-1 虚拟机 VM4 的配置

配置名称	配置信息
处理器	2 核心 2 线程
内存	2GB
硬盘	100GB
IP 地址	192.168.10.102/24
计算机名	PS2
操作系统	Windows Server 2019 标准版

(2)需要在 VM4 中发布公司门户网站,方法和步骤参考项目 8,门户网站配置信息见表 9-2。

表 9-2　门户网站配置信息

配置名称	VM4 的配置要求
网站架构	ASP.net
站点发布目录	C:\WebSite
站点首页	index.asp
站点访问地址	192.168.10.102

（3）需要在虚拟机 VM1 和 VM2 上部署 NLB 群集，群集的配置信息见表 9-3 所示。

表 9-3　群集的配置信息

配置名称	群集的配置要求
群集 IP	192.168.10.100
域名	www.Jan16.cn
成员主机：主机名/IP	VM4：PS2/192.168.10.102
	VM1：PS1/192.168.10.101
成员主机：主机名/优先级	VM4：PS2/1
	VM1：PS1/2

（4）两台 Web 服务器提供服务时，如果其中一台服务器出现故障，则不能继续将用户的 Web 请求指向该故障服务器。

项目实施拓扑如图 9-1 所示。

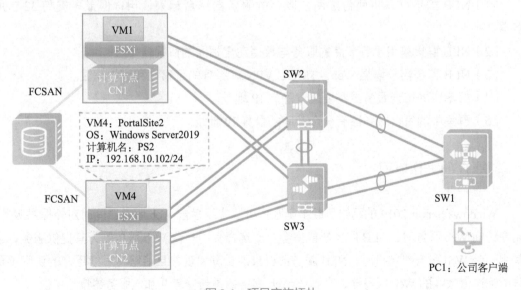

图 9-1　项目实施拓扑

项目分析

根据项目描述，成员服务器 PS1 已完成 Web 门户网站的部署，在成员服务器 PS2 上部署 Web 门户网站的工作任务参考项目 8。由此，先在虚拟机 VM4 上创建 NLB 群集，再将虚拟机 VM1 加入群集，实现两台 Web 服务器的负载均衡。即实现基于 1 个群集 IP 对外提供服务，用户只需访问群集 IP，群集服务器再将用户的 Web 请求指向各成员服务器。

因此，本项目可以通过在 Windows Server 2019 中部署 NLB 群集工作任务来完成。

项目相关知识

9.1 什么是 NLB 技术

网络负载平衡（Network Load Balancing，NLB）技术就是将访问压力均衡分布到多台服务器上，以此提高整个服务器群集的响应能力。多台服务器以对称的方式组成一个服务器群集，每台服务器都具有同等的地位，都可以单独对外提供服务而无须其他服务器的辅助。通过负载分担技术，将外部发送来的请求均匀分配到对称结构中的某一台服务器上，而接收到请求的服务器独立地回应客户的请求，解决大量并发访问服务的问题。NLB 群集技术有如下特点。

（1）NLB 群集可以将两台或两台以上的服务器结合起来使用，但最多支持 32 台服务器。

（2）NLB 群集只用于各节点的服务与数据完全相同的情况。

（3）NLB 群集用于增强 Web、TMG、VPN 等服务的可靠性和可伸缩性。

（4）群集中的每台服务器都要配置静态 IP 地址。

（5）群集中的每台服务器有一个共同的群集 IP 地址。

9.2 NLB 的工作原理

Windows Server 2019 的网络负载平衡服务可以实现多台 Web 服务器同时对外提供服务，用户访问 Web 服务时，NLB 服务器群集会自动选择其中一台 Web 服务器为其提供服务，当其中一台 Web 服务器宕机时，NLB 服务器群集能自动发现并且能够将后续用户的访问不再分配给这台故障的 Web 服务器，直到该 Web 服务器重新修复并加入服务器集群中。

可见，网络负载平衡服务可以实现本项目的 Web 服务负载均衡问题，但关键是如何实现两台 Web 服务器提供的服务内容的一致性。

如果将 Web 站点的数据存放在其中一台服务器上，并且共享该 Web 站点目录，那么两台 Web 服务器只需将 Web 服务的站点主目录指向该共享目录就可以确保两台 Web 服务器的站点内容是一致的。

网络负载平衡服务增强了 Web、FTP 等服务器的可用性和可伸缩性。网络负载平衡的工作模式采用轮询机制，当客户端 A 访问服务器群集时由一台服务器提供服务，当客户端 B 访问时则由另一台服务器提供服务。

任务 9-1　在 Windows Server 2019 中部署 NLB 群集

1. 任务规划

使用两个计算节点上的虚拟机 VM1 和 VM4 部署负载均衡群集服务，让两台服务器以 NLB 群集方式对外提供门户网站服务，提高 Web 服务的可靠性，降低 Web 服务器负载，NLB 群集网络拓扑如图 9-2 所示。

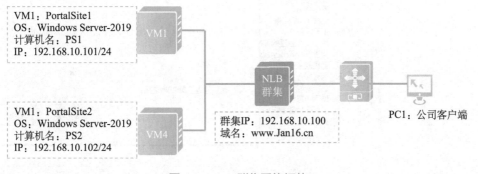

图 9-2　NLB 群集网络拓扑

在两台部署了企业门户网站的虚拟机 VM1 和 VM4 上部署 NLB 群集，可通过以下几个步骤完成：

（1）安装网络负载平衡功能，为两台 Web 服务器创建网络负载平衡群集做好准备。

（2）配置网络负载平衡群集服务，实现公司门户网站对外服务的负载均衡。

2. 任务实施

1）安装网络负载平衡服务功能

（1）在【服务器管理器】主窗口中，单击【管理(M)】菜单，在菜单列表中选择【添加角色和功能】命令。

（2）在系统弹出的【添加角色与功能向导】对话框中，采用默认设置，连续单击【下一步】按钮，直到进入如图 9-3 所示的【功能】对话框，勾选【网络负载平衡】复选框，在系统弹出的【添加网络负载平衡所需的功能？】对话框中单击【添加功能】按钮，添加网络负载平衡功能，然后单击【下一步】按钮。

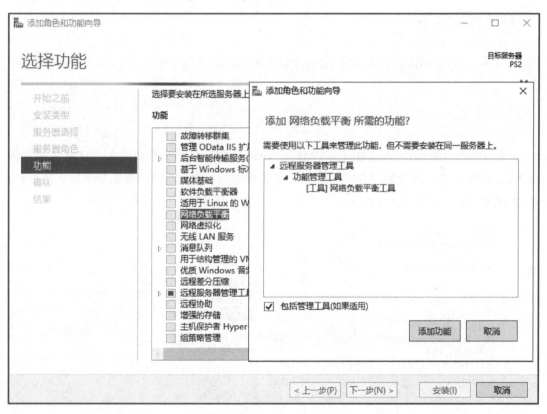

图 9-3 【功能】功能话框

（3）在【确认安装所选内容】对话框中，如图 9-4 所示，单击【安装】按钮，安装完成后单击【关闭】按钮，完成网络负载平衡功能的安装。

（4）在 Web 服务器 PS1 上成功安装网络负载平衡功能的界面如图 9-5 所示。

（5）重复步骤（1）至（4），在 Web 服务器 PS2 上安装网络负载平衡功能。

项目9　部署基于NLB的高可用门户网站

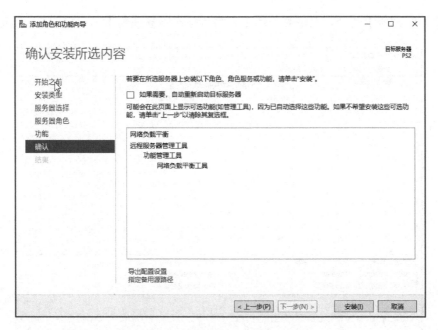

图 9-4　【确认安装所选内容】对话框

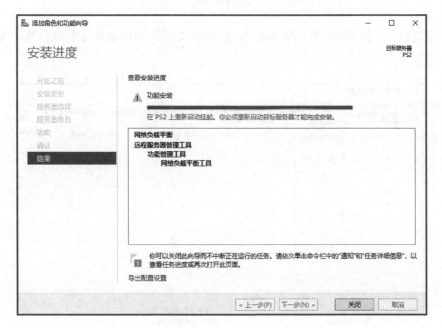

图 9-5　成功安装网络负载平衡功能的界面

2）配置网络负载平衡群集服务

（1）在【服务器管理器】主窗口中，单击【工具(T)】菜单，在菜单列表中单击【网络负载平衡管理器】命令，系统弹出的【网络负载平衡管理器】窗口如图 9-6 所示。

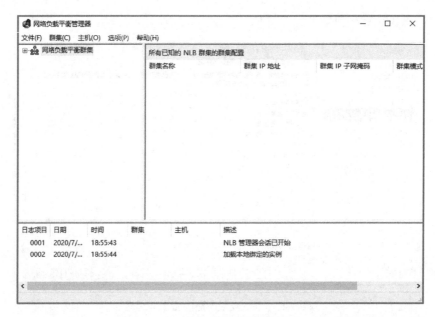

图 9-6 【网络负载平衡管理器】窗口

（2）右键单击【网络负载平衡集群】，在其快捷键菜单中选择【新建群集】命令，如图 9-7 所示。

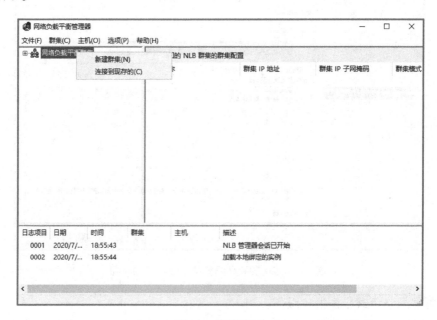

图 9-7 新建群集

（3）系统弹出【新群集：连接】对话框，在【主机】文本框中输入 Web 服务器的主机名称 PS2，单击【连接】按钮，在接口中选择可用于配置新群集的接口，单击【下一步】按钮，如图 9-8 所示。

图 9-8　填写主机名称和选择新群集接口

（4）系统转至【新群集：主机参数】对话框，保持默认优先级为 1，单击【下一步】按钮，如图 9-9 所示。

图 9-9　主机参数

（5）系统转至【新群集：群集 IP 地址】对话框，单击【添加】按钮，如图 9-10 所示。

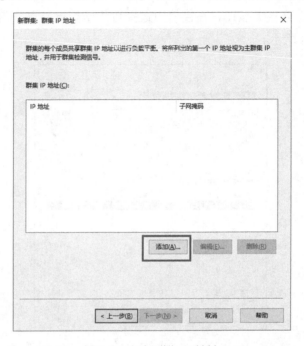

图 9-10　添加群集 IP 地址

（6）系统弹出【添加 IP 地址】对话框，输入群集 IP 为【192.168.10.100】，子网掩码为【255.255.255.0】，然后单击【确定】按钮，如图 9-11 所示。

图 9-11　输入群集 IP 地址

项目9 部署基于NLB的高可用门户网站

（7）系统转至【新群集：群集参数】对话框，中将【群集操作模式】选择为【多播】，单击【下一步】按钮，然后单击【完成】按钮，如图9-12所示。

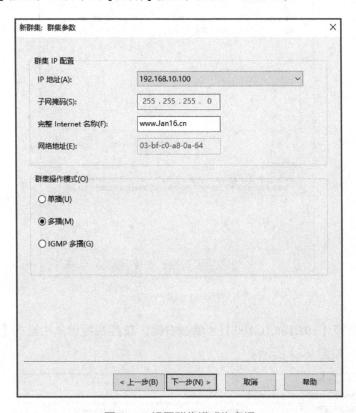

图9-12 设置群集模式为多播

注意事项：群集操作的三种模式。

单播：将群集中所有服务器的MAC地址修改为同一个MAC地址，并绑定到群集IP中。配置后，服务器原有的IP地址将不能通信。

多播：在群集中所有服务器上增加一个MAC地址，并与群集IP绑定。这样，集群中的服务器可以使用原有的IP地址进行通信。

IGMP多播：不分配虚拟的MAC地址，而是使用IGMP将NLB通信发送到所有服务器上。

（8）在【新群集：端口规则】对话框中保持默认设置，单击【完成】按钮，如图9-13所示。

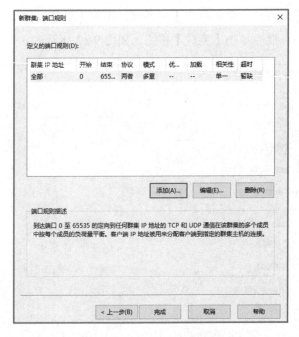

图 9-13　端口规则

（9）选择群集【192.168.10.100】并单击右键，在其快捷键单中选择【添加主机到群集（A）】命令，如图 9-14 所示。

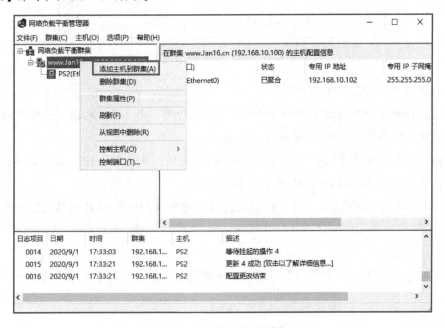

图 9-14　添加主机到群集

项目9 部署基于NLB的高可用门户网站

（10）在【主机（H）：】文本框中输入第2台Web服务器的主机名PS1，单击【连接】按钮，选择接口，单击【下一步】按钮，如图9-15所示。

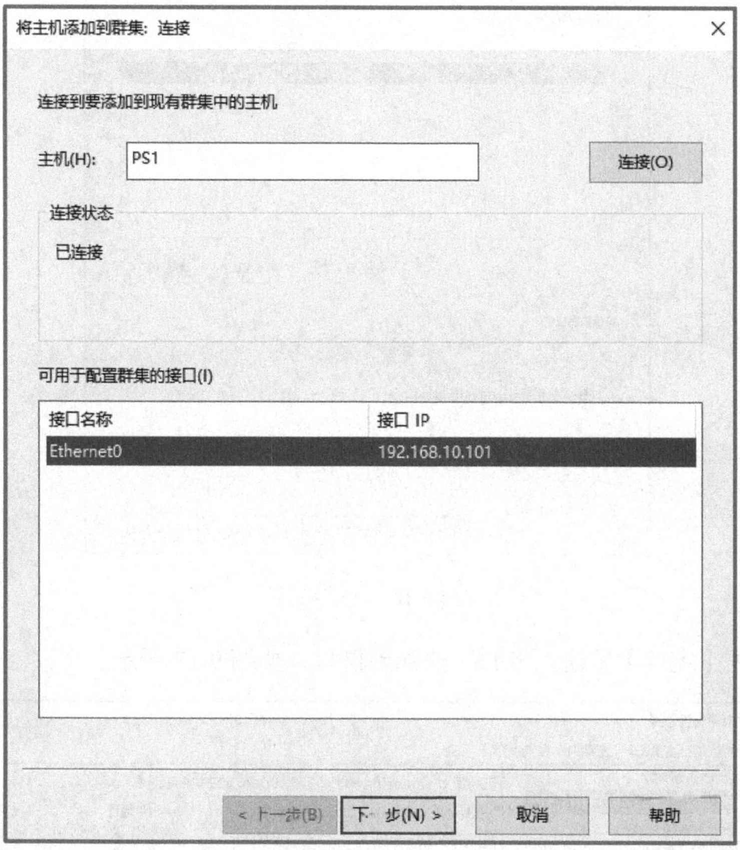

图9-15 添加主机

注意事项：出现RPC服务器不可用的错误提示。

首次将主机添加到群集时，可能出现RPC服务器在指定计算机上不可用的错误提示。解决办法1：关闭防火墙；解决办法2：需要确保【RPC（call）】服务正常开启，双击对应的服务，从打开的【属性】对话框中查看"服务状态"进行判断。

（11）在【将主机添加到群集：主机参数】对话框中，采用【优先级】为2的默认设置，单击【下一步】按钮，如图9-16所示。

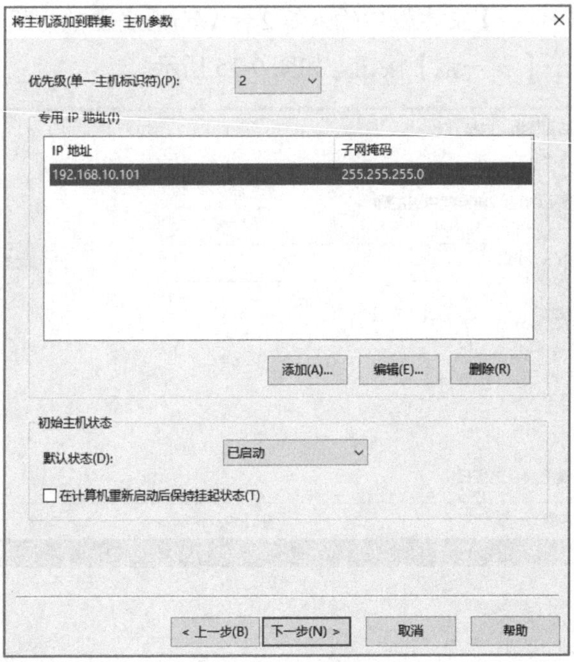

图 9-16　主机参数

（12）单击【完成】按钮，将 PS1 添加到群集，如图 9-17 所示。

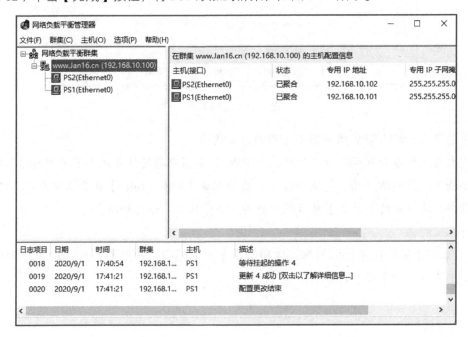

图 9-17　添加完成

3. 任务验证

（1）在客户端（这里使用 Win10）运行【cmd】，使用命令【ping 192.168.10.100 -t】，在 ping 的过程中中断任何一台 Web 服务器，可以看到，ping 的数据不会丢包，如图 9-18 所示。

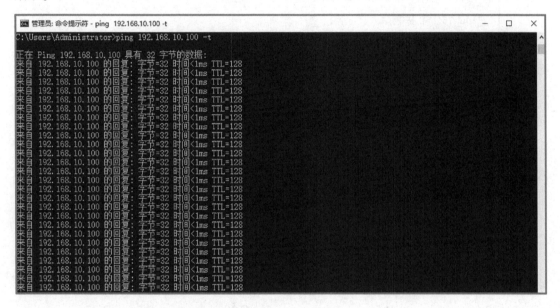

图 9-18　ping 数据包

（2）在两台 Web 服务器的 IIS 中编辑网站绑定，可以看到，群集 IP 地址为【192.168.10.100】，如图 9-19 所示。

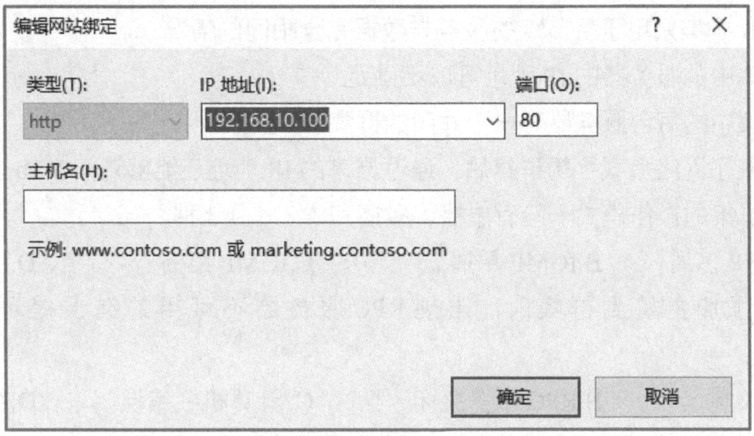

图 9-19　群集 IP 地址

（3）在客户端打开浏览器，访问地址为【http://www.Jan16.cn】，可以成功访问，关闭任何一台 Web 服务器，并在客户端刷新页面，可以看到，页面依旧可以浏览，如图 9-20 所示。

图 9-20　访问网页

一、单选题

1. NLB 群集可以将两台或两台以上的服务器结合起来使用，最多支持（　　）台服务器。

  A.2　　　　　　　B.5　　　　　　　C.30　　　　　　　D.32

2. NLB 群集主要用于增强（　　）服务的可靠性和可伸缩性。

  A.Web　　　　　B.FTP　　　　　C.VPN　　　　　D. 都是

3. 以下关于 NLB 群集的说法，错误的是（　　）。

  A.NLB 群集只用于各节点的服务与数据完全相同的情况

  B. 群集中的服务器的 IP 地址可以不固定

  C. 群集中的每台服务器有一个共同的群集 IP 地址

  D. 配置了网络负载平衡群集后，通过原来的 IP 地址还能够访问 Web 服务

4. NLB 群集的操作模式一般有单播、多播和（　　）3 种。

  A.IGMP 多播　　B.IGMP 单播　　C.IGMP 组播　　D.IGMP 广播

5. 首次添加主机到群集时，出现 RPC 服务器不可用的错误提示，其原因可能是（　　）。

  A. 防火墙　　　　B.RPC 服务关闭　　C. 计算机名错误　　D.A 和 B

二、多选题

1. 在 Windows Server 2019 操作系统 Web 服务器上创建网络负载均衡群集时，关于注意事项中描述正确的有（　　）。

　　A. 只要群集操作模式配置完就可以了，没有其他操作

　　B. 单播：将集群中所有服务器的 MAC 地址修改为同一个 MAC 地址，并绑定到集群 IP 中；配置后，服务器原有的 IP 地址将不能通信。

　　C. 多播：在集群中所有服务器上增加 1 个 MAC 地址，并与集群 IP 绑定；这样，集群中的服务器可以使用原有的 IP 地址进行通信。

　　D. IGMP 多播：不分配虚拟的 MAC 地址，而是使用 IGMP 将 NLB 通信发送到所有服务器上。

2. 在 Windows Server 2019 操作系统中，需要部署门户网站，不需要安装的系统组件是（　　）。

　　A.FTP　　　　　　B.Telnet　　　　　　C.WEB 服务器 IIS　　　　D.TFTP

3. 下列关于 NLB 网络负载平衡的正确选项有（　　）。

　　A. 网络负载平衡对外只需提供一个 IP 地址

　　B. 当网络负载平衡中的服务器故障不可用时，网络负载平衡会自动检测到不可用的服务器

　　C. 网络负载平衡可以在一个或多个终节点出现故障时，提供故障转移冗余

　　D. 网络负载平衡既能检测到服务器的状态，也能检测到应用程序的状态

4. NLB 网络负载平衡的特点有（　　）。

　　A. 可伸缩性　　　　B. 高可用性　　　　C. 可管理性　　　　D. 易用性

5. 以下关于 NLB 的工作原理正确有（　　）。

　　A. 群集中的每台服务器都有固定 IP 地址，还有一个共同的 IP 地址

　　B.NLB 算法决定提供服务的节点

　　C.NLB 通过单播或多播来确保算法的特点

　　D.NLB 将客户端的访问信息发送给群集中的所有节点

项目 10

部署 Zabbix 服务监控数据中心设备

学习目标

（1）掌握 Zabbix 的工作原理；
（2）能在 Zabbix 服务器上监控网络设备；
（3）能在 Zabbix 服务器上监控 Windows server、CentOS 操作系统的虚拟主机；

项目描述

Jan16 公司云数据中心投入运营后，已承载了公司 ERP、门户网站等多个关键生产业务系统，考虑到数据中心网络、云计算节点、服务器等关键平台的安全监测需要，公司决定在运维服务器上部署一套 Zabbix 监控系统，实现网络和服务器的监测，具体要求如下：

（1）在运维服务器上搭建 Zabbix 服务。
（2）配置 Zabbix 服务，监控云数据中心的所有网络设备。
（3）配置 Zabbix 服务，监控计算节点内虚拟机的运行情况。

云数据中心网络拓扑如图 10-1 所示。

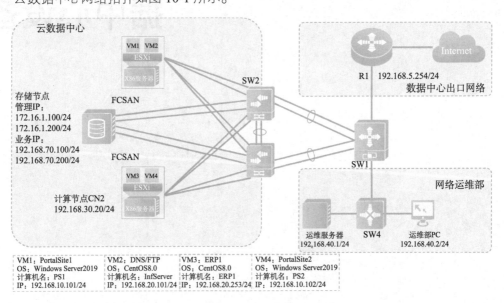

图 10-1 云数据中心网络拓扑

项目分析

根据项目背景，运维服务器已安装了 CentOS8 系统，并在此基础上安装和配置 Zabbix

服务，可实现运维管理器对与云数据中心的监控。

因此，本项目可以通过以下工作任务来完成：

（1）Zabbix 服务的部署；

（2）配置 Zabbix 监控交换机；

（3）配置 Zabbix 监控 Windows 主机；

（4）配置 Zabbix 监控 Linux 主机。

项目相关知识

10.1 Zabbix 简介

Zabbix 是一款具备分布式网络监控功能的企业级开源软件，它能监控大部分网络设备的运行状态，并提供灵活的告警机制，允许系统管理员基于任何事件配置电子邮件报警，然后通过报警邮件快速定位问题，以便快速排查故障。

Zabbix 主要分为两个部分，分别是 Zabbix Server 和 Zabbix Agent。

（1）Zabbix Server 是 Zabbix 的核心部分，主要功能是监控的配置管理、监控数据的存储、用户的交互、告警机制的管理等。Zabbix Server 又分为几个部分，包括 Nginx 或 Apache 等 Web 前端软件、MySQL 数据库软件、PHP 语言环境，其中 Web 前端软件负责用户交互；MySQL 数据库软件负责存储各项监控配置参数和监控到的数据。

（2）Zabbix Agent 是 Zabbix 的客户端部分，主要被安装在需要接入 Zabbix 监控的主机或服务器上，负责采集或上报宿主机的各项数据和接收 Zabbix Server 的监控设置。默认情况下，Zabbix Agent 使用 TCP 10050 端口与 Zabbix Server 进行数据通信。

Zabbix Server 与 Zabbix Agent 可以通过两种模式进行监控数据的采集。第一种是主动模式，在此种模式下，Zabbix Agent 向 Zabbix Server 主动请求对应监控项列表，在本机收集对应的监控数据，提交给 Zabbix Server 或 Zabbix Proxy；第二种是被动采集，在此种模式下，Zabbix Agent 打开一个端口（默认为 10050），等待 Zabbix Server 数据采集请求，然后 Zabbix Agent 进行数据收集再发送到 Zabbix Server。

Zabbix Server 可以利用 SNMP、Zabbix Agent（客户端）、JMX 端口监视等对远程服务器进行网络监控和数据采集，其中 SNMP 主要用于网络设备的监控与数据采集。Zabbix Agent 适用于市面上主流操作系统的监控与数据采集。

10.2 SNMP 简介

SNMP 是 TCP/IP 协议簇的一个应用层协议,它定义了一个与网络设备交互的简单方法,业界几乎所有的网络设备都支持 SNMP。在 TCP/IP 网络中,Zabbix 也用于管理和监控网络设备。因此,SNMP 提供了一种通过网络管理系统(Network Management System,NMS)来管理大量网络设备的方法。

SNMP 支持的常见操作如下。

(1)NMS 通过 SNMP 给网络设备发送配置信息(SET)。

(2)NMS 通过 SNMP 查询和获取网络中的资源信息(GET);

(3)网络设备主动通过 SNMP 向 NMS 上报告警消息,使得网络管理员能够及时处理各种网络问题(Trap)。

10.3 SNMP 架构

SNMP 使用 C/S(Client/Server)架构,具体包括网络管理软件 NMS、代理进程 Agent 和管理信息库 MIB。SNMP 的体系结构如图 10-2 所示。

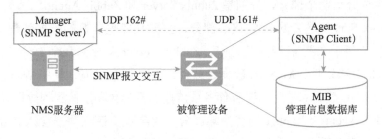

图 10-2　SNMP 的体系结构

(1)NMS 是一台运行了网络管理软件的计算机,它作为 SNMP 的服务端,工作在 UDP 的 162 端口,向被管理设备发出请求指令,对被管理设备进行监控与配置。

(2)Agent 是运行在被管理设备上的代理进程,它作为 SNMP 的客户端,工作在 UDP 的 161 端口,响应 NMS 客户端发出的请求,可实现收集设备状态信息、设备的远程操作和主动向 NMS 发送告警消息等操作。SNMP 主要通过定义表 10-1 所列的操作类型来实现 Agent 与 NMS 的相互通信。

(3)MIB 是网络设备上的一个数据库,它存储了设备的有关配置和性能的数据。MIB 存储的数据采用了 ISO 和 ITU 管理的对象标识符(Object IDentifier,OID)来标识,每个被管理对象都定义了一系列属性,包括对象的名称、对象的 ID、对象的数据类型、对象的值等信息。

项目10 部署Zabbix服务监控数据中心设备

表 10-1 SNMP 定义的主要操作类型

操作	发起方	作用
GetRequest	NMS	此操作可以从 Agent 中提取一个或多个参数值
GetNextRequest	NMS	此操作可以从 Agent 中按照 MIB 字典序提取下一个参数值
SetRequest	NMS	此操作可以设置 Agent 的一个或多个参数值
GetBulkRequest	NMS	此操作可实现对 Agent 设备的信息群查询
Response	Agent	Response 操作可以返回一个或多个参数值。这个操作是由 Agent 发出的，它是 GetRequest、SetRequest、GetNextRequest 和 GetBulkRequest 四种操作的响应操作。Agent 接收到来自 NMS 的 Get/Set 指令后，通过 MIB 完成相应的查询/修改操作，然后利用 Response 操作将信息返回给 NMS
Trap	Agent	Agent 主动向 NMS 发出的信息，将设备端出现的情况告知管理进程
InformRequest	Agent	Agent 主动向 NMS 发送的告警信息。与 Trap 告警不同的是，Agent 设备发送 Inform 告警后，需要 NMS 回复 InformResponse 来进行确认
InformResponse	NMS	NMS 收到 Agent 发送的 InformRequest 请求后，回复 InformResponse 进行确认

MIB 中所有被管理对象组成一个图 10-3 所示的树状结构，树结构从未命名的根节点开始。每个被管理对象都有一个唯一的对象标识符 OID，它采用点分形式的整数序列来表示。而这些被分割开的整数分别代表从根节点到对象节点所经过路径上所有节点的 ID 号，查找被管理对象信息的过程就是在 MIB 树中搜索 OID 的过程。如 System 的 OID 为 .1.3.6.1.2.1.1，Interfaces 的 OID 为 .1.3.6.1.2.1.2。

初期，MIB 管理信息库主要包括 8 个类别，现在的 MIB-2 版本所包含的信息类别已经超过 40 个，其主要信息类别见表 10-2。

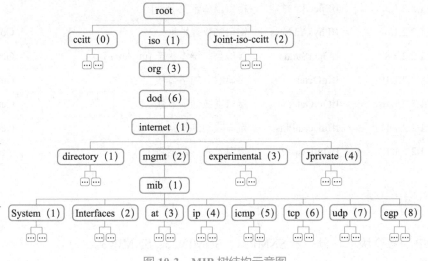

图 10-3 MIB 树结构示意图

表 10-2 MIB 管理信息库主要信息类别

OID	MIB 类别	说明
.1.3.6.1.2.1.1	system	主机或路由器相关信息
.1.3.6.1.2.1.2	interfaces	网络接口相关信息
.1.3.6.1.2.1.3	address translation	地址转换相关信息
.1.3.6.1.2.1.4	ip	IP 通信相关信息
.1.3.6.1.2.1.5	icmp	ICMP 通信相关信息
.1.3.6.1.2.1.6	tcp	TCP 通信相关信息
.1.3.6.1.2.1.7	udp	UDP 通信相关信息

每个 MIB 类别都提供了丰富的相关信息，不同设备其 MIB 类别有所不同，具体以厂商提供的产品说明书为准，表 10-3 列示了华为交换机网络接口 MIB 信息。

表 10-3 华为交换机网络接口的 MIB 信息

网络接口（1.3.6.1.2.1.2）			
OID	MIB 名称	说明	请求方式
.1.3.6.1.2.1.2.1	IfNumber	网络接口的数目	Get
.1.3.6.1.2.1.2.2.1.2	IfDescr	网络接口信息描述	Get
.1.3.6.1.2.1.2.2.1.3	IfType	网络接口类型	Get
.1.3.6.1.2.1.2.2.1.4	IfMTU	接口发送和接收的最大 IP 数据报 [BYTE]	Get
.1.3.6.1.2.1.2.2.1.5	IfSpeed	接口当前带宽 [bps]	Get
.1.3.6.1.2.1.2.2.1.6	IfPhysAddress	接口的物理地址	Get
.1.3.6.1.2.1.2.2.1.8	IfOperStatus	接口当前操作状态 [up|down]	Get
.1.3.6.1.2.1.2.2.1.10	IfInOctet	接口收到的字节数	Get
.1.3.6.1.2.1.2.2.1.16	IfOutOctet	接口发送的字节数	Get
.1.3.6.1.2.1.2.2.1.11	IfInUcastPkts	接口收到的数据包个数	Get
.1.3.6.1.2.1.2.2.1.17	IfOutUcastPkts	接口发送的数据包个数	Get

10.4 SNMP 版本

SNMP 有多个版本，分别是 SNMPv1、SNMPv2c、SNMPv3。

SNMPv1 是 SNMP 的最初版本，提供最小限度的网络管理功能。它采用团体名认证，团体名的作用类似于密码，用来限制 NMS 对 Agent 的访问。

SNMPv2c 在兼容 SNMPv1 的同时又扩充了 SNMPv1 的功能：它提供了更多的操作类型（GetBulk 和 inform 操作）；支持更多的数据类型（Counter32 等）；提供了更丰富的错误代码，能够更细致地区分错误。

SNMPv3 主要在安全性方面进行了增强，它采用了 USM 和 VACM 技术。USM 提供了认证和加密功能，VACM 确定用户是否允许访问特定的 MIB 对象及访问方式。

SNMP 三个版本的支持特性和常见应用场景见表 10-4。

表 10-4　SNMP 不同版本的支持特征和应用场景

版本	支持特性	应用场景	特点
SNMPv1	支持基于团体名和 MIB View 进行访问控制； 支持基于团体名的认证； 支持 6 个错误码； 支持 Trap 告警	适用于小型网络，组网简单，对网络安全性要求不高，或者网络环境本身比较安全，且比较稳定的网络，如校园网、小型企业网	实现方便，安全性弱
SNMPv2c	支持基于团体名和 MIB View 进行访问控制； 支持基于团体名的认证； 支持 16 个错误码； 支持 Trap 告警； 支持 Inform 告警； 支持 GetBulk	适用于大中型网络，对网络安全性要求不高，或者网络环境本身比较安全（如 VPN 网络），但业务比较繁忙，有可能发生流量拥塞的网络。通过配置 Inform 告警可以确保 Agent 设备发送的告警能够被网管收到	有一定的安全性，应用最为广泛
SNMPv3	支持基于用户、用户组和 MIB view 进行访问控制； 支持认证和加密，包括 MD5/SHA 认证方式，DES56、AES128 等加密方法； 支持 16 个错误码； 支持 Trap 告警； 支持 Inform 告警； 支持 GetBulk	适用于各种规模的网络，尤其是对网络的安全性要求较高，确保合法的管理员才能对网络设备进行管理的网络。例如，网管和 Agent 设备间的通信数据需要在公网上进行传输	定义了一种管理框架，为用户提供了安全的访问机制

任务 10-1　Zabbix 服务的部署

1. 任务规划

运维服务器已安装了 CentOS 8 系统，并完成了网络的基础配置，根据项目要求，本任务需要在这台运维服务器上安装 Zabbix 服务软件，主要涉及以下步骤：

（1）初始化 CentOS 8 操作系统，为安装 Zabbix 服务软件做准备；

（2）在 CentOS 8 系统上部署 Zabbix 服务及 Agent、Nginx、MySQL 等配套软件；

（3）配置 MySQL 数据库服务，为 Zabbix Server 提供数据库支持；

（4）配置 Nginx 配置文件参数，为 Zabbix Server 提供 Web 前端支持；

（5）配置 Zabbix Server 配置文件参数；

（6）启动 Zabbix 及相关组件的服务；

（7）根据 Web 向导完成 Zabbix Server 的初始化工作。

2. 任务实施

1）初始化 CentOS 8 系统，为安装 Zabbix 服务软件做准备

（1）关闭 Selinux 及防火墙，避免 Zabbix 的 Web 页面无法正常访问。

```
[root@Zabbix ~]# setenforce 0
[root@Zabbix ~]# vim /etc/selinux/config
// 修改 "SELINUX=" 后的内容为 disabled，然后保存并退出
SELINUX=disabled
[root@Zabbix ~]# systemctl stop firewalld
[root@Zabbix ~]# systemctl disable firewalld
```

设置 Yum 源，配置 Zabbix 的软件仓库源，并建立软件仓库缓存。

```
[root@Zabbix ~]# vim /etc/yum.repos.d/Zabbix.repo
// 在文件中添加如下内容后保存并退出
[Zabbix]
name=Zabbix-main
baseurl=https://mirrors.aliyun.com/zabbix/zabbix/5.0/rhel/8/$basearch/
enabled=1
gpgcheck=0
[Zabbix-non-supported]
name=zabiix-non-supported
baseurl=https://mirrors.aliyun.com/zabbix/non-supported/rhel/8/$basearch/
enabled=1
```

```
gpgcheck=0
[root@Zabbix ~]# dnf clean all
[root@Zabbix ~]# dnf makecache
```

2）在 CentOS 8 系统上部署 Zabbix 服务及 Agent、Nginx、MySQL 等配套软件
（1）通过 dnf 命令安装 Zabbix server、Agent、Nginx 及 MySQL 扩展组件。

```
[root@Zabbix ~]# dnf install -y zabbix-server-mysql zabbix-web-mysql
zabbix-nginx-conf zabbix-agent
```

（2）安装 MySQL 数据库服务。

```
[root@Zabbix ~]# dnf -y install @mysql:8.0
```

3）配置 MySQL 数据库服务，为 Zabbix Server 提供数据库支持
（1）启动数据库服务并设置为开机自启动。

```
[root@Zabbix ~]# systemctl start mysqld
[root@Zabbix ~]# systemctl enable mysqld
```

（2）初始化数据库，设置数据库管理员的默认登录密码并进行一系列安全设置。

```
[root@localhost ~]# mysql_secure_installation
Securing the MySQL server deployment.
Connecting to MySQL using a blank password.
VALIDATE PASSWORD COMPONENT can be used to test passwords and improve
security. It checks the strength of password and allows the users to set
only those passwords which are secure enough.
Would you like to setup VALIDATE PASSWORD component?   // 是否要设置验证密码组件
Press y|Y for Yes, any other key for No: N    // 按 y 表示是，按任何其他键表示否
Please set the password for root here.
New password: Jan16@123
Re-enter new password: Jan16@123
By default, a MySQL installation has an anonymous user,allowing anyone
```

to log into MySQL without having to have a user account created for them. This is intended only for testing, and to make the installation go a bit smoother.You should remove them before moving into a production environment.

  Remove anonymous users? (Press y|Y for Yes, any other key for No) : Y
  // 是否删除匿名用户，生产环境建议删除
  Success.
  Normally, root should only be allowed to connect from 'localhost'. This ensures that someone cannot guess at the root password from the network.
  Disallow root login remotely? (Press y|Y for Yes, any other key for No) : Y
  // 是否禁止root远程登录，根据自己的需求选择Y/n并回车，建议禁止
  Success.
  By default, MySQL comes with a database named 'test' that anyone can access. This is also intended only for testing,and should be removed before moving into a production environment.
  Remove test database and access to it? (Press y|Y for Yes, any other key for No) :Y
  // 是否删除test数据库
  - Dropping test database...
  Success.
  - Removing privileges on test database...
  Success.
  Reloading the privilege tables will ensure that all changes made so far will take effect immediately.
  Reload privilege tables now? (Press y|Y for Yes, any other key for No) : Y
  // 是否重新加载权限表
  Success.
  All done!

（3）以数据库管理员身份登录数据库，创建Zabbix默认数据库实例，然后再创建Zabbix专用数据库用户并赋予权限。

```
[root@localhost ~]# mysql -uroot -p
Enter password:Jan16@123
```

项目10 部署Zabbix服务监控数据中心设备

```
mysql> create database zabbix character set utf8 collate utf8_bin;
mysql> create user zabbix@localhost identified by 'zabbix';
// 设置Zabbix账号，密码为zabbix
mysql> grant all privileges on zabbix.* to zabbix@localhost;
mysql> flush privileges;
mysql> quit;
```

（4）从 Zabbix 官方文件中导入 Zabbix 默认数据库实例的初始架构和数据。

```
[root@Zabbix ~]# zcat /usr/share/doc/zabbix-server-mysql*/create.sql.gz | mysql -uzabbix -p'zabbix' zabbix
```

4）配置 Nginx 配置文件参数，为 Zabbix Server 提供 Web 前端支持

（1）编辑 Nginx 的配置文件 /etc/nginx/conf.d/zabbix.conf，设置在 192.168.40.1 的 80 端口监听 Web 前端服务。

```
[root@Zabbix ~]# vim /etc/nginx/conf.d/zabbix.conf
listen          80;
server_name     192.168.40.1;                    // 设置本机 IP 地址
```

（2）修改 Nginx 的 PHP 组件配置文件，设置默认时区为亚洲/上海（东 8 区）。

```
[root@Zabbix ~]# vim /etc/php-fpm.d/zabbix.conf
php_value[date.timezone] = Asia/Shanghai    // 删除注释符号 ";"，改为 Asia/Shanghai
```

5）配置 Zabbix Server 配置文件参数

（1）为 Zabbix server 配置数据库，编辑配置文件 /etc/zabbix/zabbix_server.conf。

```
[root@zabbix ~]# vim /etc/zabbix/zabbix_server.conf
DBPassword=zabbix              // 删除注释符号 "#"，然后设置 zabbix 账号的密码为 zabbix
```

271

6）启动 Zabbix 及相关组件的服务

（1）启动 Zabbix server 和 Agent 进程，并为它们设置开机自启动。

```
[root@Zabbix ~]# systemctl restart zabbix-server zabbix-agent nginx php-fpm
[root@Zabbix ~]# systemctl enable zabbix-server zabbix-agent nginx php-fpm
```

7）根据 Web 向导完成 Zabbix Server 的初始化工作

（1）在运维部 PC 的浏览器访问【http://192.168.40.1】，连接到新安装的 Zabbix 服务器，打开如图 10-4 所示的 Zabbix 首页，然后单击【Next step】按钮。

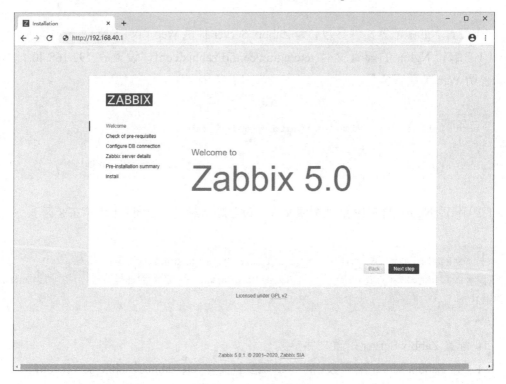

图 10-4　Zabbix 首页

（2）在打开的如图 10-5 所示的【Check of pre-requestes】界面中查看是否所有的先决条件都已经部署完成，确认无报错后单击【Next step】按钮。

（3）在打开的如图 10-6 所示的数据库链接设置界面。从中可以看到名为 zabbix 的数据库已经创建，输入数据库的密码【zabbix】，然后单击【Next step】按钮。

项目10　部署Zabbix服务监控数据中心设备

图 10-5　【Check of pre-requestes】界面

图 10-6　数据库链接设置界面

（4）在打开的如图 10-7 所示的 Zabbix 服务器详细信息设置界面中，输入 Zabbix 服务器的主机名称或 IP 地址、端口号和服务器名称。其中服务器名称是可选的，如果填写了名称,将显示在 IE 的页面标题中。单击【Next step】按钮,进入下一步。

图 10-7　Zabbix 服务器详细信息设置界面

(5)在打开的如图 10-8 所示的查看设置摘要界面中,再次确认 Zabbix 服务的配置,然后单击【Next step】按钮。

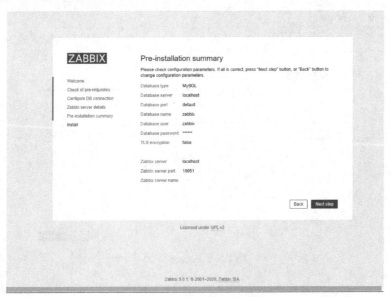

图 10-8　查看设置摘要界面

(6)在打开的【Install】界面(见图 10-9)中显示 Zabbix 已经完成初始配置,单击【Finish】按钮完成 Zabbix 服务软件的初始化配置。

项目10 部署Zabbix服务监控数据中心设备

图 10-9 【Install】界面

3. 任务验证

（1）在运维部 PC 的浏览器中访问【http://192.168.40.1】，在打开的如图 10-10 所示的 Zabbix 登录界面中输入账号和密码（默认用户名为 Admin，密码为 zabbix）。

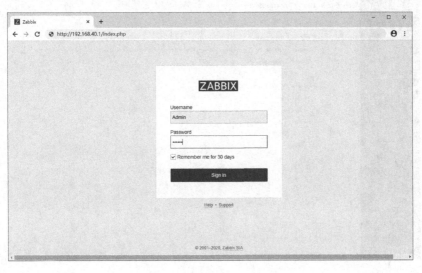

图 10-10 Zabbix 登录界面

（2）单击【Sign in】按钮，进入 Zabbix 首页，如图 10-11 所示。

图 10-11　Zabbix 首页

（3）单击左侧导航栏的【User settings】项，进入用户个性化设置界面，如图 10-12 所示。

图 10-12　用户个性化设置界面

项目10 部署Zabbix服务监控数据中心设备

（4）安装 zh_CN 语言包。

```
[root@Zabbix ~]# dnf install langpacks-zh_CN.noarch
```

（5）安装 glibc-common，实现对语言包的识别。

```
[root@Zabbix ~]# dnf install glibc-common
```

（6）使用 locale 命令查看 zh_CN 语言包是否成功安装

```
[root@zabbix ~]# locale -a | grep zh_CN
zh_CN
zh_CN.gb18030
zh_CN.gbk
zh_CN.utf8
```

（7）如图 10-13 所示，打开【Language】下拉列表，选择【Chinese（zn_CN）】选项，然后单击【Update】按钮，将 Zabbix 管理界面设置为中文模式。

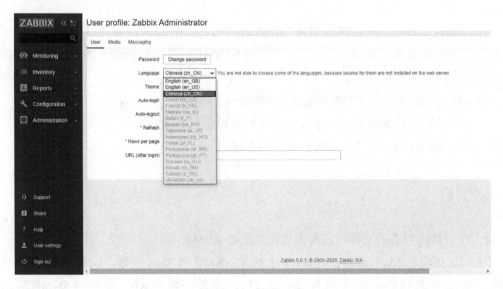

图 10-13　修改语言

（8）回到 Zabbix 首页，如图 10-14 所示，可以看到 Zabbix 界面已调整为中文。

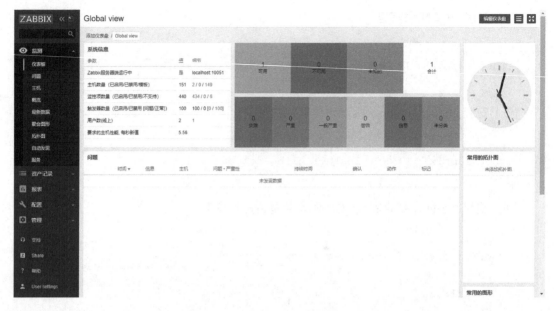

图 10-14　Zabbix 中文界面

任务 10-2　配置 Zabbix 监控交换机

1. 任务规划

在 Zabbix Server 相关组件及服务均已配置完成后，管理员需要通过 Zabbix Server 监控云数据中心的交换机设备，此时需要利用 SNMP 进行监控数据的收集与上报，因此本任务需要执行以下操作步骤。

（1）在云数据中心的交换机设备上启用并配置 SNMP；

（2）查找并在 Zabbix Server 中添加监控网络设备所需模板；

（3）在 Zabbix Server 中配置监控的主机对象。

2. 任务实施

1）在云数据中心的交换机设备上启用并配置 SNMP

（1）以交换机 SW1 为例，在 SW1 上启用 SNMP 和 Trap 告警，这里将设置交换机 SW1 具备读和写权限的团体名为 Jan16@123，设置交换机 SW1 支持的 SNMP 版本为 SNMPv1、SNMPv2c 和 SNMPv3。

```
<SW1>system-view
[SW1]snmp-Agent community read Jan16@123
[SW1]snmp-Agent community write Jan16@123
[SW1]snmp-Agent sys-info contact Mr.Jan16-Tel:020
[SW1]snmp-Agent sys-info location telephone-closet,3rd-floor
[SW1]snmp-Agent trap enable
Warning: All switches of SNMP trap/notification will be open. Continue?
[Y/N]:Y
[SW1]snmp-Agent sys-info version v1 v2 v3
```

注：其他交换机的 SNMP 管理配置可与 SW1 一致。

2）查找并在 Zabbix Server 中添加监控网络设备所需模板

（1）使用运维部 PC 的浏览器访问【http://192.168.40.1】，登录 Zabbix 首页。

（2）单击左侧导航栏下部的【Share】项，跳转到如图 10-15 所示的 Zabbix 模板共享网站【https://share.zabbix.com/】页面。用户可以在此网站页面中查找市面上主流厂商的网络设备监控模板。

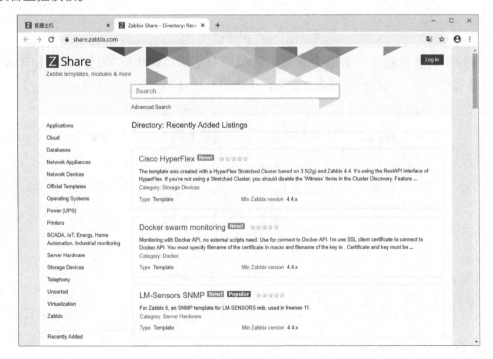

图 10-15 【https://share.Zabbix.com/】页面

（3）在本项目中所有交换机的型号均为 S5700，因此在 Zabbix 模板共享网站的搜索框中输入【S5700】并回车,表示搜索关键词为 S5700 的交换机监控模板,结果如图 10-16 所示。

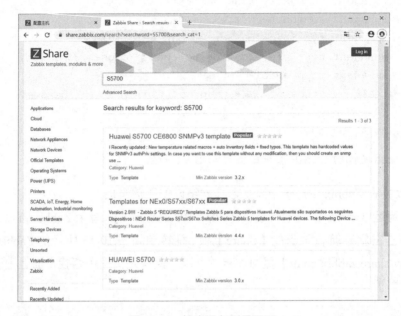

图 10-16　搜索设备型号界面

(4)查看搜索结果,最适合本项目的模板是【HUAWEI S5700】,单击【HUAWEI S5700】按钮将跳转到模板详细信息页面,结果如图 10-17 所示。

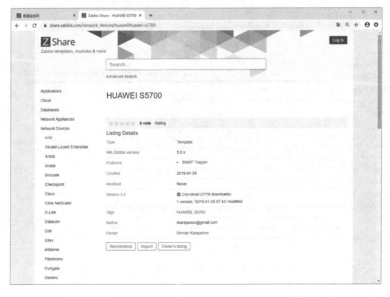

图 10-17　HUAWEI S5700 模板详细信息页面

项目10　部署Zabbix服务监控数据中心设备

（5）在模板详细信息页面中，单击【Download】按钮，即可下载模板的配置文件，这里下载得到文件名为【zbx_S5700.xml】的配置文件。

（6）由于下载的 HUAWEI S5700 模板配置文件依赖于另一个名为【SNMP Device】的模板配置文件，因此还需要在 Zabbix 共享模板网站中搜索并下载【SNMP Device】官方模板。搜索到的结果如图 10-18 所示，重复前两个步骤即可下载模板的配置文件，下载后得到文件名为【Template SNMP Device_3.0.0.xml】的配置文件。

图 10-18　搜索 SNMP Device

（7）返回 Zabbix 首页，单击左侧导航栏【配置】下的【模板】项，打开如图 10-19 所示的模板管理界面。

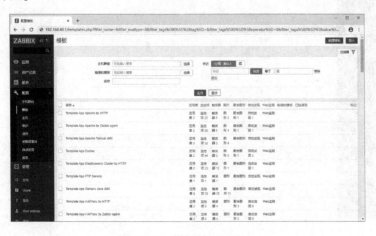

图 10-19　模板管理界面

（8）单击模板管理界面右侧的【导入】按钮，打开如图 10-20 所示的模板导入界面。

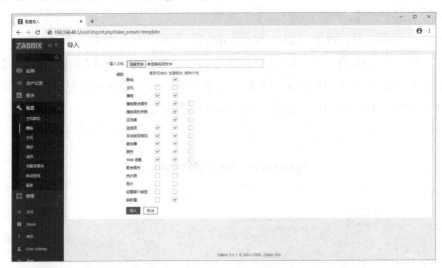

图 10-20　模板导入界面

（9）在模板导入界面中可以连续导入从 Zabbix 共享模板网站下载的模板配置文件，这里需要先后导入【Template SNMP Device_3.0.0.xml】和【zbx_S5700.xml】模板配置文件。用户可通过单击【选择文件】找到并选择对应模板文件后，单击【导入】按钮即可完成导入操作。模板导入成功界面如图 10-21 所示。

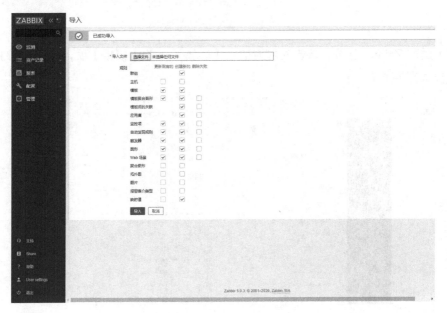

图 10-21　模板导入成功界面

项目10　部署Zabbix服务监控数据中心设备

3）在 Zabbix Server 中配置监控的主机对象

（1）在 Zabbix 首页，单击左侧导航栏的【配置】→【主机】，进入主机管理界面，此时可以看到 Zabbix 已监控的主机对象及其监控状态列表，如图 10-22 所示。

图 10-22　主机管理界面

（2）在主机管理界面单击【创建主机】，进入创建主机对象界面，如图 10-23 所示。

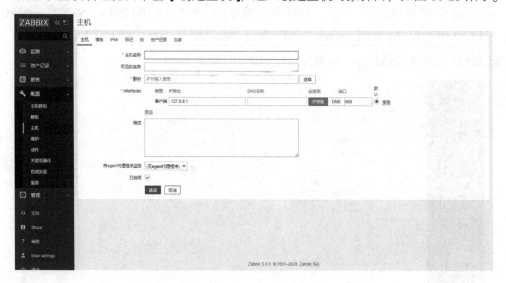

图 10-23　创建主机对象界面

（3）在进入创建主机对象界面后，首先需要输入主机的基本信息，如主机名称、群组、Interfaces（接口）等。以监控 SW1 交换机对象为例，主机名称为【SW1】，群组选择

283

为【Network】，如图 10-24 所示。

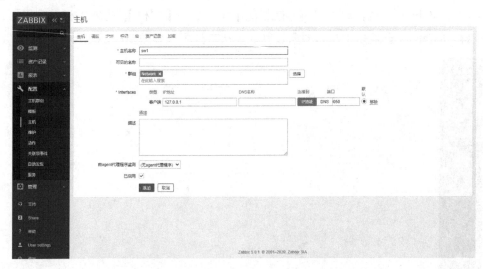

图 10-24　输入被监控主机的名称并选择群组

（4）在创建主机界面，默认使用【客户端】类型的 Interfaces 进行监控数据的收集，因此添加交换机设备监控对象时，需要在【Interfaces】选项组中选中【移除】单选按钮，删除【客户端】类型的条目，再单击【添加】链接，选择并添加一个名为【SNMP】类型的 Interfaces，然后填写 IP 地址为 SW1 的管理地址（192.168.100.254）；SNMP version 选择为【SNMPv2】；SNMP community 填写为【{$SNMP_COMMUNITY}】，表示使用一个宏变量来代替具体团体名称。设置完成后如图 10-25 所示。

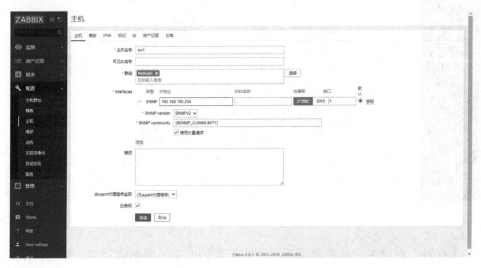

图 10-25　SW1 的 Interfaces 信息设置完成

项目10 部署Zabbix服务监控数据中心设备

（5）设置完成主机基本信息后，单击【模板】项，切换到主机模板配置界面。在主机模板配置界面可关联用于监控设备的具体模板。接下来需要在【Link new templates】的搜索框中输入【S5700】并选择为前面导入的【Template Huawei Switch S5700】模板，选择完成后则表示关联模板已设置成功，如图10-26所示

图 10-26　关联模板设置成功

（6）由于在主机基本信息界面中调用了名为【{$SNMP_COMMUNITY}】的宏，因此还需要为主机设置宏的值。接下来需要单击【宏】标签跳转主机宏设置界面，这里需要在【宏】和【值】的文本框中分别输入【{$SNMP_COMMUNITY}】和【Jan16@123】，表示配置交换机的 SNMP 读写团体名的值为【Jan16@123】，完成后如图 10-27 所示。

图 10-27　主机宏设置界面

（7）在完成主机基本信息、模板、宏的配置后，单击【添加】按钮，即可完成对

SW1 主机监控对象的添加，然后系统会自动跳转至主机管理界面，如图 10-28 所示。

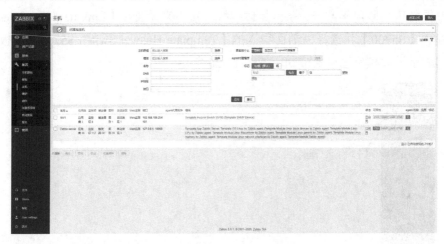

图 10-28　主机管理界面

（8）云数据中心其他交换设备可参考以上的（2）、（3）、（4）、（5）、（6）步骤逐一添加，过程略。

3. 任务验证

（1）在创建主机对象后等待一段时间，单击左侧导航栏【监测】→【主机】，打开查看监控主机界面。以已添加的 SW1 设备为例，此时应看到 SW1 设备【可用性】一栏中【SNMP】显示为绿色，说明通过 SNMP 监控 SW1 设备已经成功，如图 10-29 所示。

图 10-29　查看监控主机界面

项目10　部署Zabbix服务监控数据中心设备

（2）在查看监控主机界面，单击【SW1】将跳转至查看主机最新数据界面，在界面中显示已经获取到的 SW1 设备的各项监控数据，如 Admin status of interface Eth1-Trunk1(Eth1-Trunk1 端口的状态) 等，如图 10-30 所示。

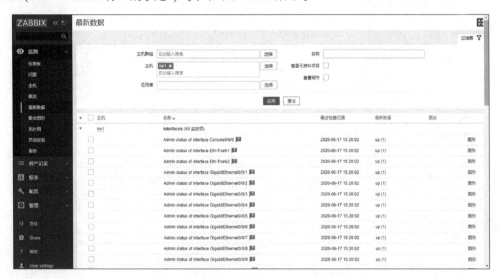

图 10-30　查看主机最新数据界面

任务 10-3　配置 Zabbix 监控 Windows 主机

1. 任务规划

在接入了云数据中心的交换机设备后，管理员需要将 VM1、VM4 这些部署了 Windows 操作系统的主机接入 Zabbix，一般情况下需要部署 Zabbix Agent 客户端。因此完成本任务主要有如下几个步骤。

（1）在运维部 PC 通过官网获取 Zabbix Agent 客户端程序；

（2）在被监控的 Windows 虚拟机中部署 Zabbix Agent 客户端程序；

（3）在 Zabbix Server 中添加被监控的 Windows 主机对象。

2. 任务实施

1）通过官网获取 Zabbix Agent 客户端程序

（1）在运维部 PC 访问 Zabbix 官方网站并跳转至资源下载页面，在【预编译 Agents】选项页面单击【下载】按钮，下载适用于 Windows 操作系统的 Zabbix agent v5.0.0 软件包，如图 10-31 所示。

图 10-31　下载 Zabbix agent v5.0.0 软件包

（2）在运维部 PC 中使用文件共享或远程复制粘贴的方式将软件包上传到 VM1 和 VM4 虚拟机中，在本任务中上传的文件名为【zabbix_agent-5.0.0-windows-amd64-openssl.zip】。

2）在被监控的 Windows 虚拟机中部署 Zabbix Agent 客户端程序

（1）在被监控的虚拟机 C: 盘下创建名为【zabbix】的文件夹并将已上传的 Zabbix agent V5.0.0 软件包解压到此文件夹中，解压成功后如图 10-32 所示。

项目10 部署Zabbix服务监控数据中心设备

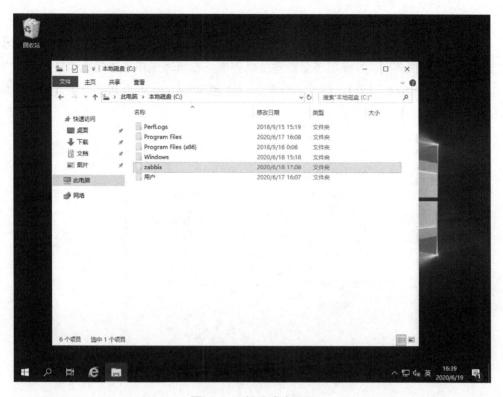

图 10-32 解压成功界面

（2）在虚拟机中通过记事本编辑路径为 C:\zabbix\conf\zabbix_agentd.conf 的 Zabbix Agent 配置文件，找到并修改为如下所示的参数值。

```
EnableRemoteCommands=1      ## 删除注释符 "#" 并修改值为 1，表示启用远程 Zabbix 命令
LogRemoteCommands=1         ## 删除注释符 "#" 并修改值为 1，表示记录远程 Zabbix 命令
Server=192.168.40.1         ## 设置 Zabbix Server 被动采集 IP 地址为 192.168.10.101
ServerActive=192.168.40.1   ## 设置 Zabbix Server 主动采集 IP 地址为 192.168.10.101
Hostname=PS1                ## 设置主机名，这里的 Hostname 必须与 Windows 的主机名一致
```

（3）在虚拟机中以管理员身份运行 CMD 终端命令，分别执行下面两条语句。

```
## 以 zabbix_agentd.conf 为配置文件安装 Zabbix Agent 客户端
C:\zabbix\bin\zabbix_agentd.exe -i -c C:\zabbix\conf\zabbix_agentd.conf
## 以 zabbix_agentd.conf 为配置文件启动 Zabbix Agent 服务
C:\zabbix\bin\zabbix_agentd.exe -s -c C:\Zabbix\Zabbix_Agentd.win.conf
```

3）在 Zabbix Server 中添加需监控的 Windows 主机对象

（1）在运维部 PC 访问【http://192.168.40.1】，登录 Zabbix 配置界面，单击【配置】→【主机】→【创建主机】，系统跳转至创建主机界面。在填写主机基本信息页面，填写主机名称、群组、Interface（接口）的相关参数，以添加 Windows 主机 PS1 为例，配置完成后如图 10-33 所示。

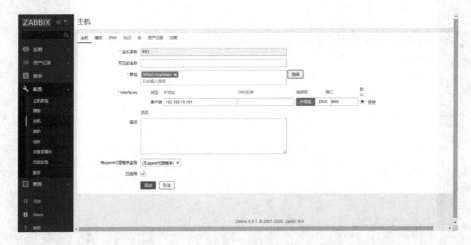

图 10-33 被监控主机基本信息配置完成

（2）切换至【模板】界面，为被监控 Windows 设备关联监控模板，这里需要搜索并选择的模板为【Template OS Windows by Zabbix agent】。关联模板后，单击【添加】按钮完成创建主机的配置，如图 10-34 所示。

图 10-34 关联模板成功

（3）参考如上的步骤可将云数据中心所有 Windows 操作主机接入监控。

3. 任务验证

（1）单击【监控】→【主机】，系统弹出监控主机界面，单击已监控的主机，可以查看到该主机的最新监控数据则表示监控成功。以 PS1 主机为例，监控成功后可查看到的最新监控数据，如图 10-35 所示。

图 10-35　PS1 主机的最新监控数据

任务 10-4　配置 Zabbix 监控 Linux 主机

1. 任务规划

云数据中心中除了 Windows 操作系统的虚拟机外，还有 Linux 操作系统的虚拟机，如 VM2、VM3。这些虚拟机同样需要接入监控，因此管理员需要执行以下操作才能完成 VM2 和 VM3 的监控接入工作。

（1）在需监控的 Linux 虚拟机中部署 Zabbix Agent 客户端程序；
（2）在 Zabbix Server 中添加需监控的 Linux 主机对象。

2. 任务实施

1）在需监控的 Linux 虚拟机中部署 Zabbix Agent 客户端程序
（1）在云数据中心的 Linux 操作系统的虚拟机中添加 Zabbix 的 Yum 源。

```
[root@Infserver ~]# vim /etc/yum.repos.d/Zabbix.repo
[Zabbix]
name=CentOS-Zabbix
baseurl=https://mirrors.aliyun.com/zabbix/zabbix/5.0/rhel/8/$basearch/
enabled=1
gpgcheck=0
[Zabbix-non-supported]
name=zabiix-non-supported
baseurl=https://mirrors.aliyun.com/zabbix/non-supported/rhel/8/$basearch/
enabled=1
gpgcheck=0
```

（2）在虚拟机中通过 yum 命令安装 Zabbix Agent 客户端程序。

```
[root@Infserver ~]# yum install -y zabbix-agent
```

（3）在虚拟机中修改 Zabbix Agent 客户端配置文件参数。

```
[root@Infserver ~]# vim /etc/zabbix/zabbix_agentd.conf
Server=192.168.40.1                ## 配置 Zabbix Server 被动采集的 IP 地址
ServerActive=192.168.40.1          ## 配置 Zabbix Server 主动采集的 IP 地址
Hostname=Infserver                 ## 配置 Zabbix Agent 的主机名，这里必须与
在 Zabbix 配置界面创建主机时输入的"主机名称"一致
```

注意：Server 和 ServerActive 都要根据实际情况指定 Zabbix Server 的 IP 地址。Server 用于设置允许对应 Zabbix Server 的 IP 被动地收集监控数据，ServerActive 用于设置允许 Zabbix Agent 客户端主动发送监控数据给对应 Zabbix Server 端的 IP。

（4）在虚拟机中启动 Zabbix Agent 客户端服务进程并设置为开机自启动。

```
[root@Infserver ~]# systemctl start zabbix-agent.service
[root@Infserver ~]# systemctl enable zabbix-agent.service
```

2）在 Zabbix Server 中添加需监控的 Linux 主机对象

（1）在运维部 PC 上使用浏览器访问【http://192.168.40.1】，登录 Zabbix 配置界面，单击【配置】→【主机】→【创建主机】，系统跳转至创建主机界面。在填写主机基本信息页面，填写主机名称、群组、Interface（接口）的相关参数。以添加 Linux 操作系统的主机 InfServer 为例，配置完成后如图 10-36 所示。

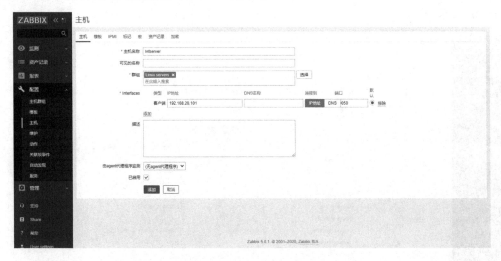

图 10-36　配置完成 InfServer 主机基本信息

（2）切换至【模板】界面，为被监控 Linux 设备关联监控模板，这里需要搜索并选择的模板为【Template OS Linux by Zabbix agent】，关联模板后，单击【添加】按钮，完成创建主机的配置，关联模板成功后如图 10-37 所示。

图 10-37　关联模板成功

（3）参考如上的步骤可将云数据中心所有 Windows 操作主机接入监控。

3. 任务验证

单击【监控】→【主机】，在监控主机界面单击已监控的主机，如看到该主机的最新监控数据则表示监控成功。以 InfServer 主机为例，监控成功后查看到的最新监控数据如图 10-38 所示。

图 10-38　查看 InfServer 主机最新监控数据

一、单选题

1. 以下选项中，属于 Zabbix 服务的一部分的是（　　）。
   A.FTP　　　　　　B.Nginx　　　　　C.Samba　　　　　D.NFS
2. 在默认情况下，Zabbix Agent 使用 TCP（　　）端口上报监控数据给 Zabbix Server。
   A.80　　　　　　　B.21　　　　　　　C.10051　　　　　D.10050
3. 关于 SNMP 说法正确的是（　　）。
   A.SNMP Server 工作在 UDP 162 端口
   B.SNMP 有 3 个版本，分别是 SNMPv1c、SNMPv2、SNMPv3
   C.SNMP 采用的是 B/S(Browser/Server) 架构
   D.SNMP Server 工作在 TCP 161 端口

4. 在 Zabbix 配置界面中创建主机时，以下哪个选项不是必需的（　　）。
   A. 主机名称　　　　B. 描述　　　　C.Interfaces　　　　D. 群组
5. 关于 Zabbix Agent 配置文件的参数说法错误的是（　　）。
   A. 每个 Zabbix Agent 客户端都需要配置 Hostname 参数，且需要与本机主机名称一致。
   B.Zabbix Agent 中 Server 参数用于设置允许被动采集的 IP 地址。
   C.Zabbix Agent 中 ServerActive 参数用于设置允许主动采集的 IP 地址。
   D.Zabbix Agent 默认通过 TCP 10051 端口上报监控数据给 Zabbix Server。

二、多选题

1. Zabbix 主要分为核心和客户端两个部分，这两个部分分别是（　　）。
   A.Zabbix Server　　B.Zabbix Client　　C.Zabbix Agent　　D.Zabbix Root
2. Zabbix 是一款具备分布式网络监控功能的企业级开源软件，可以通过（　　）模式进行监控数据的采集。
   A. 主动模式　　B. 双向模式　　C. 单向模式　　D. 被动模式
3. Zabbix 服务监控 Web 管理登录的默认用户名与密码是（　　）。
   A.Admin　　　B.Zabbix　　　C.admin　　　D.zabbix
4. Zabbix Server 可以利用（　　）工具对远程服务器进行网络监视和数据采集。
   A.SNMP　　B.Zabbix Agent　　C.JMX 端口监视　　D.Zabbix Proxy
5. SNMP 的版本有（　　）。
   A.SNMPv1　　B.SNMPv3c　　C.SNMPv2c　　D.SNMPv3

三、项目实训题

1. 项目背景与需求

Jan16 公司需要监控信息中心的整体网络系统，以及各服务器运行状况。公司采用 Zabbix 服务监控信息中心，Jan16 公司的网络拓扑如图 10-39 所示。

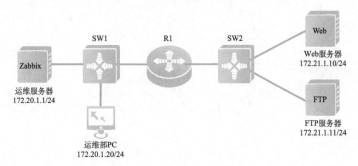

图 10-39　Jan16 公司的网络拓扑

Jan16 公司希望网络管理员在实现全公司互联互通的基础上完成运维服务器的部署，并通过 Zabbix 服务监控各网络设备及应用服务器，具体需求如下：

（1）在运维服务器上安装 Zabbxi 监控服务。

（2）通过 SNMP 监控网络拓扑中的交换机与路由器设备。

（3）通过 Zabbix Agent 客户端的方式监控公司的 Web 和 FTP 应用服务器。

2. 项目实施要求

（1）根据项目的要求，完成服务器之间的互联互通。

（2）在运维服务器中完成 Zabbix 服务安装与部署，截取登录成功后的 Zabbix 配置界面（界面语言应为中文）。

（3）在运维服务器中接入网络设备 SW1、SW2、R1 的监控，使用的监控接口类型为 SNMP，其中 SNMP 的版本为 SNMPv1，SNMP 的团体名为【学号＋姓名拼音全拼】（如 01 号小明，团体名为 01xiaoming），最后截取 SW1、SW2、R1 的 CPU Usage 的最新数据。

（4）在两台应用服务器中安装 Zabbix Agent 客户端程序，并在运维服务器中接入监控，最后分别截取 Web 服务器和 FTP 服务器磁盘使用率的最新数据。

项目 11

基于 Python 的数据中心设备自动备份

学习目标

（1）了解 Python 运维常用库和常用语法。
（2）掌握通过 Python 代码管控网络设备的配置。
（3）掌握通过 Python 代码备份网络设备运行配置。

项目描述

Jan16 公司云数据中心的现有网络架构已经能够满足日常办公需求，项目转入运维阶段。为满足运维需求，公司在网管计算机中已预装 CentOS 8，规划通过 Python 进行网络自动运维，前期需要网络管理员完成以下任务。

（1）项目转入运维阶段后，要求网络管理员修改所有网络设备的管理密码，原设备管理规划见表 11-1。

表 11-1　原设备管理规划

设备类型	型号	管理 IP	设备命名	管理账号	管理密码
交换机	S5700	192.168.100.254	SW1	admin	Jan16@123
交换机	S5700	192.168.100.2	SW2	admin	Jan16@123
交换机	S5700	192.168.100.3	SW3	admin	Jan16@123
交换机	S5700	192.168.100.4	SW4	admin	Jan16@123

（2）对所有设备进行配置备份，并在之后的每天凌晨 1 点执行一次自动备份。
云数据中心网络拓扑如图 11-1 所示。

项目分析

项目实施时，通常施工方都会采用一套设备管理密码来管理设备，项目验收后，将进入运维阶段，为保障网络的安全性，管理员需要对这批设备的密码进行修改，并定期对设备配置进行备份。

Python 语言在网络自动化运维工作中能提供良好的技术支撑。在网管计算机使用 Python 脚本加载 Paramiko 模块，然后通过 SSH 协议就可以批量修改网络设备的登录密码。因此，对于批量修改设备的配置，需要启用所有设备的 SSH 服务，然后就可以根据项目

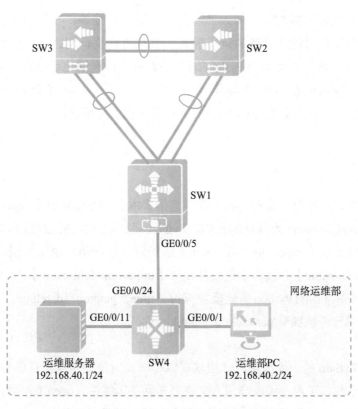

图 11-1　云数据中心网络拓扑

需求来编写 Python 脚本，完成网络设备的配置修改。对于计划性的工作，则还需要调用网管计算机中的计划任务程序，让计算机按计划执行特定的 Python 脚本，实现特定功能，如设备配置的备份、执行特定时段的策略等。

因此，本项目的实施可分解为以下工作任务：

（1）使用 Python 修改网络设备的管理密码；

（2）使用 Python 和计划任务完成网络设备配置的每日备份。

11.1　什么是 Python 技术

Python 是结合了解释性、编译性、互动性和面向对象的一种脚本语言。近年来 Python

在各个领域的应用越来越广泛，如人工智能、自动化运维等，在网络工程领域也可以应用 Python，如自动备份网络设备的运行配置、自动批量执行网络设备配置变更等。能掌握 Python 的基本概念，并能运用 Python 对网络设备进行自动化运维将是新一代网络工程师的加分技能。Python 从 20 世纪 90 年代初出现以来，先后出现了 Python2.x 和 Python3.x 两个版本，在本项目中主要使用 Python3.0 进行自动化运维编程。

11.2 Python 的模块

在 Python 中，模块可以理解为独立保存好的脚本，它可以通过【import module-name】语句来导入，module-name 为模块的名称。Python 将模块分为内建模块和第三方模块，内建模块可以直接通过【import module-name】语句导入后使用，第三方模块可以在先通过【pip install module-name】终端命令安装并使用【import module-name】语句导入后使用。

在网络运维中常用的 Python 内建模块有 os、time、getpass、datetime、re、telnetlib 等，常用的 Python 第三方模块有 paramiko、netmiko 等。

1.os 模块

os 模块是 Python 的内建模块，此模块提供了一些方便使用操作系统相关功能的函数，比如 open（）函数，可用于读取或写入文件。在网络运维中，open（）函数可以用于读取保存交换机的 IP 地址或配置命令，也可用于备份运行配置信息等。

2.getpass 模块

getpass 模块提供了 Python 的交互式功能，在网络运维中，可以用于提示用户输入密码，通过 getpass 模块输入的密码是不可见的，安全性相对较高。

3.time 和 datetime 模块

time 和 datetime 模块提供了与时间相关的功能。time 模块可以在网络运维中提供时间戳、格式化时间、时间元组等功能，如运行代码【time.sleep（2）】可以使程序暂停 2s。datetime 模块则重新封装了 time 模块，它能提供更多功能，如日期、时区等。使用如下代码可以导入 datetime 模块并将当前时间赋值给 a，以 "日-月-年 时:分" 的形式回显出来。

```
from datetime import datetime
a=datetime.now()
print(a.day,a.month,a.year,a.hour,a.minute)
```

4.telnetlib 模块

项目11 基于Python的数据中心设备自动备份

telnetlib 模块主要是支持 Python 通过 Telnet 协议远程连接设备，但其在数据传输过程中存在一些安全性问题（如不支持密文传输），因此不建议在公用网络中使用。

在网络运维中使用 telnetlib 模块连接 IP 地址为【192.168.1.1】的华为网络设备并发送【system-view】命令进入系统视图的 Python 代码如下：

```
import telnetlib
ip="192.168.1.1"
user="admin"
password="Huawei123"
tn=telnetlib.Telnet(ip)
tn.read_until("Username:")
tn.write(user + "\n")
tn.read_until("Password:")
tn.write(password + "\n")
tn.write("system-view" + "\n")
```

5.paramiko 模块

paramiko 模块可以通过代码实现基于 SSH 协议远程连接设备。使用如下代码即可调度 paramiko 模块实现通过 SSH 协议连接 IP 地址为【192.168.1.1】的华为网络设备并发送【system-view】命令进入系统视图。

```
import paramiko
username ="admin"
password ="Huawei1234"
ip="192.168.1.1"
ssh_client=paramiko.SSHClient()
ssh_client.set_missing_host_key_policy(paramiko.AutoAddPolicy())
ssh_client.connect(hostname=ip,username=username,password=password)
command=ssh_client.invoke_shell()
command.send("system-view" +"\n")
```

11.3 基于 Python 的文件读写

在日常的网络运维中，网络管理员需要使用到大量的文本文件，如用于批量配置网络设备的命令模板文件，存放所有网络设备 IP 地址、备份网络设备运行配置信息命令【display current-configuration】输出的结果等文件。其格式一般为【open('filename',' type')】，其中 type 可以为 r（只读）、w（写入）、a（只能写）、r+（可读写，覆盖）、w+（只读，覆盖读写）等。Python 常见的文件读写模式见表 11-2。

表 11-2 Python 常见的文件读写模式

模式	操作	若文件不存在	是否覆盖
r	只能读	报错	-
r+	可读可写	报错	是
w	只能写	创建	是
w+	可读可写	创建	是
a	只能写	创建	否，追加写
a+	可读可写	创建	否，追加写

例如，以读写模式打开名为 backup.txt 的文件，并写入"abcd"内容后再读取出来的 Python 代码如下：

```
a=open('backup.txt',' a+')
a.write('abcd')
a.read()
a.close()
```

 项目实践

任务 11-1 使用 Python 修改网络设备的管理密码

1. 任务规划

在网管计算机上编写 Python 脚本，实现批量自动更改网络设备的登录密码。可通过以下操作步骤完成：

（1）在运维服务器上初始化配置，并安装模块。
（2）编写自动化修改密码脚本。

2. 任务实施

1）在运维服务器上初始化配置，并安装模块

（1）关闭服务器 selinux 和防火墙。

```
[root@zabbix ~]# setenforce 0
[root@zabbix ~]# getenforce
Permissive
[root@zabbix ~]# vim /etc/selinux/config
SELINUX=disable
```

（2）在网管计算机联网状态下安装模块 paramiko

```
[root@manage ~]# curl -k https://bootstrap.pypa.io/get-pip.py -o get-pip.py
[root@manage ~]# python get-pip.py
[root@manage ~]# pip install paramiko
```

2）编写自动化修改密码脚本

（1）编写 Python 修改密码脚本。

```
root@manage ~]# vi changepassword.py
#!/usr/bin/python3
import paramiko
import time
import getpass
## 通过 input() 函数获取用户输入的 SSH 用户名并赋值给 username
username = input('Username:')
## 通过 getpass 模块中的 getpass() 函数获取用户输入字符串并作为密码赋值给 password
password = getpass.getpass('Password: ')
for i in ["192.168.100.254","192.168.100.2","192.168.100.3","192.168.100.4"]:
    ip=str(i)
    ssh_client=paramiko.SSHClient()
    ssh_client.set_missing_host_key_policy(paramiko.AutoAddPolicy())
    ssh_client.connect(hostname=ip,username=username,password=password,port=22)
```

```
    command=ssh_client.invoke_shell()
    ## 调度交换机命令行，执行命令
    command.send("system-view"+"\n")
    command.send("aaa"+"\n")
    command.send("local-user admin password irreversible-cipher Jan16@456"+"\n")
    ## 更改登录密码结束后，返回用户视图并保存配置
    command.send("return"+"\n")
    command.send("save"+"\n")
    command.send("Y"+"\n")
    command.send("\n")
    ## 暂停 3 秒，并将命令执行过程赋值给 output 对象，通过 print output 语句回显内容
    time.sleep(3)
    output=command.recv(65535).decode()
    print(output)
    ## 退出 SSH
    ssh_client.close()
```

3. 任务验证

（1）执行 changepassword.py 代码，根据规划表输入 SSH 用户名和密码，查看回显内容。

```
[root@manage ~]# ./changepassword.py
Username:admin
Password:

------------------------------------------------------------
User last login information:
------------------------------------------------------------
Access Type: SSH
IP-Address : 192.168.40.1 ssh
Time       : 2020-02-29 10:31:35-08:00
------------------------------------------------------------
 <SW-1>system-view
Enter system view, return user view with Ctrl+Z.
 [SW-1]aaa
```

```
    [SW-1-aaa]local-user admin password irreversible-cipher Jan16@456
    [SW-1-aaa]return
   <SW-1>save
The current configuration will be written to the device.
Are you sure to continue? (y/n)[n]:Y
It will take several minutes to save configuration file, please wait…

------------------------------------------------------------------
User last login information:
------------------------------------------------------------------
Access Type: SSH
IP-Address : 1192.168.40.1 ssh
Time       : 2020-02-29 10:31:38-08:00
------------------------------------------------------------------
   <SW-2>system-view
   Enter system view, return user view with Ctrl+Z.
   [SW-2]aaa
   [SW-2-aaa]local-user admin password irreversible-cipher Jan16@456
   [SW-2-aaa]return
   <SW-2>save
The current configuration will be written to the device.
Are you sure to continue? (y/n)[n]:Y
It will take several minutes to save configuration file, please wait…

------------------------------------------------------------------
User last login information:
------------------------------------------------------------------
Access Type: SSH
IP-Address : 192.168.40.1 ssh
Time       : 2020-02-29 10:31:41-08:00
------------------------------------------------------------------
   <SW-3>system-view
   Enter system view, return user view with Ctrl+Z.
   [SW-3]aaa
   [SW-3-aaa]local-user admin password irreversible-cipher Jan16@456
   [SW-3-aaa]return
   <SW-3>save
The current configuration will be written to the device.
Are you sure to continue? (y/n)[n]:Y
```

```
 It will take several minutes to save configuration file, please wait…
 --------------------------------------------------------------------
 User last login information:
 --------------------------------------------------------------------
 Access Type: SSH
 IP-Address : 192.168.40.1 ssh
 Time       : 2020-02-29 10:31:41-08:00
 --------------------------------------------------------------------
 <SW-4>system-view
 Enter system view, return user view with Ctrl+Z.
 [SW-4]aaa
 [SW-4-aaa]local-user admin password irreversible-cipher Jan16@456
 [SW-4-aaa]return
 <SW-4>save
 The current configuration will be written to the device.
 Are you sure to continue? (y/n)[n]:Y
 It will take several minutes to save configuration file, please wait…
```

任务 11-2　使用 Python 和计划任务完成网络设备的每日备份

1. 任务规划

定期自动备份网络设备配置，主要需要运用 Python 自动化运维的相关知识在网管计算机上编写 Python 脚本，读取网络设备的运行配置并以规划好的文件命名格式（"年-月-日-IP.txt"）保存到 /root/backup 目录下，配置系统计划任务程序实现每天凌晨 1 点自动执行一次，具体可以通过以下操作完成：

（1）编写交换机备份脚本。
（2）设置自动备份时间。

2. 任务实施

1）编写交换机备份脚本

在运维服务器创建备份交换机运行配置的脚本【backup.py】。

```
[root@manage ~]# vi backup.py
#!/usr/bin/python3
import paramiko
import time
from datetime import datetime
## 设置SSH用户名和密码
username ="admin"
password ="Jan16@123"
for i in ["192.168.100.254","192.168.100.2","192.168.100.3","192.168.100.4"]:
 ip=str(i)
 ssh_client=paramiko.SSHClient()
 ssh_client.set_missing_host_key_policy(paramiko.AutoAddPolicy())
 ssh_client.connect(hostname=ip,username=username,password=password)
 command=ssh_client.invoke_shell()
  ## 提示SSH登录成功
 print "ssh "+ ip +" successfully"
  ## 设置回显内容不分屏显示
 command.send("screen-length 0 temporary "+"\n")
  ## 获取交换机运行配置
 output=(command.send("display current-configuration"+"\n"))
  ## 程序暂停3秒
 time.sleep(3)
  ## 读取当前时间
 now=datetime.now()
  ## 打开备份文件
 backup=open("/root/backup/"+str(now.year)+"-"+str(now.month)+"-"+str(now.day)+"-"+ip+".txt","a+")
  ## 提示正在备份
 print "backuping"
  ## 将查询运行配置的回显内容赋值给recv对象
 recv=command.recv(65535).decode()
  ## 将回显内容写入backup对象，相当于写入了备份文件中
 backup.write(str(recv))
  ## 关闭打开的文件
 backup.close()
  ## 结束，断开SSH连接
 ssh_client.close()
```

2）设置自动备份时间

配置计划任务实现每天凌晨 1 点自动执行脚本进行备份。

```
[root@manage ~]# vi /etc/crontab
## 在文件末尾输入下列内容后退出
00 1 * * * root /usr/bin/python3 /root/backup.py
[root@manage ~]# mkdir /root/backup
[root@manage ~]# systemctl restart crond
[root@manage ~]# systemctl enable crond
```

3. 任务验证

（1）计划任务执行后查看备份文件，查看 /root/backup 目录下的文件。

```
[root@manage ~]# cd /root/backup
[root@manage backup]# ls
2020-2-28-192.168.100.254.txt
2020-2-28-192.168.100.2.txt
2020-2-28-192.168.100.3.txt
2020-2-28-192.168.100.4.txt
[root@manage backup]# ll
total 12
-rw-r--r--. 1 root root 1786 Feb 28 1:00 2020-2-28-192.168.100.254.txt
-rw-r--r--. 1 root root 1809 Feb 28 1:00 2020-2-28-192.168.100.2.txt
-rw-r--r--. 1 root root 1762 Feb 28 1:00 2020-2-28-192.168.100.3.txt
-rw-r--r--. 1 root root 1865 Feb 28 1:00 2020-2-28-192.168.100.4.txt
```

（2）查看详细内容。

```
[root@manage backup]# cat 2020-2-28-192.168.100.2.txt
-----------------------------------------------------------------
User last login information:
-----------------------------------------------------------------
Access Type: SSH
IP-Address : 192.168.100.2 ssh
```

```
  Time            : 2020-02-29 10:32:24-08:00
------------------------------------------------------------------------
    <SW-2>screen-length 0 temporary
    Info: The configuration takes effect on the current user terminal
interface only.
    <SW-2>display current-configuration
    !Software Version V200R005C00SPC500
    #
    sysname SW-2
    #
    vlan batch 10 20 30 60 70 100
    #
    stp mode rstp
    #
    vlan 10
 description vnet10
    vlan 20
 description vnet 20
    vlan 30
 description x86
    vlan 60
 description storage
    vlan 70
 description storaqe_service
    vlan 100
 description switch_mgmt
    #
    aaa
 authentication-scheme default
 authorization-scheme default
 accounting-scheme default
 domain default
 domain default_admin
  local-user admin password irreversible-cipher %@%@nw^2.VdX\9zn\Y.
t=*OCUh;eT7&z,G|MI-d_ZCK_.!m1h;hU%@%@
  local-user admin privilege level 15
  local-user admin service-type ssh
    #
    interface Vlanif1
```

```
#
 interface Vlanif100
ip address 192.168.100.2 255.255.255.0
 #
 interface MEth0/0/1
 #
 interface Eth-Trunk1
port link-type trunk
port trunk allow-pass vlan 10 20 30 60 70 100
 #
 interface Eth-Trunk2
port link-type trunk
port trunk allow-pass vlan 10 20 30 60 70 100
 #
 interface GigabitEthernet0/0/1
port link-type trunk
port trunk allow-pass vlan 10 20 30
 #
 interface GigabitEthernet0/0/2
port link-type trunk
port trunk allow-pass vlan 10 20 30
 #
 interface GigabitEthernet0/0/3
port link-type access
port default vlan 60
 #
 interface GigabitEthernet0/0/4
port link-type access
port default vlan 70
 #
 interface GigabitEthernet0/0/5
port link-type access
port default vlan 30
 #
 interface GigabitEthernet0/0/6
port link-type access
port default vlan 30
 #
 interface GigabitEthernet0/0/7
```

```
 #
 interface GigabitEthernet0/0/8
 #
 interface GigabitEthernet0/0/9
 #
 interface GigabitEthernet0/0/10
 #
 interface GigabitEthernet0/0/11
 #
 interface GigabitEthernet0/0/12
 #
 interface GigabitEthernet0/0/13
 #
 interface GigabitEthernet0/0/14
 #
 interface GigabitEthernet0/0/15
 #
 interface GigabitEthernet0/0/16
 #
 interface GigabitEthernet0/0/17
 #
 interface GigabitEthernet0/0/18
 #
 interface GigabitEthernet0/0/19
 #
 interface GigabitEthernet0/0/20
 #
 interface GigabitEthernet0/0/21
eth-trunk 2
 #
 interface GigabitEthernet0/0/22
eth-trunk 2
 #
 interface GigabitEthernet0/0/23
eth-trunk 1
 #
 interface GigabitEthernet0/0/24
eth-trunk 1
 #
```

```
  interface NULL0
  #
  ip route-static 0.0.0.0 0.0.0.0 192.168.100.254
  #
  stelnet server enable
  ssh user admin
  ssh user admin authentication-type password
  ssh user admin service-type stelnet
  #
  user-interface con 0
  user-interface vty 0 4
authentication-mode aaa
  user-interface vty 16 20
  #
  return
```

一、单选题

1. 关于 Python 语言的特点,以下选项描述正确的是(　　)。

   A.Python 语言不支持面向对象

   B.Python 语言是解释型语言

   C.Python 语言是编译型语言

   D.Python 语言是非跨平台语言

2. 在下列的选项中(　　)不是 Python 的内建模块。

   A.os 模块　　　　　　　　　B.telnetlib 模块

   C.paramiko 模块　　　　　　D.getpass 模块

3. 管理员在 /etc/crontab 计划任务配置文件中写入了如下内容,说法正确的是(　　)。

   01 2 1 * * root python /root/backup.py

   A. 计划任务将在每个月的 1 日 2 点 01 分重复执行

   B. 计划任务将在 1 月的 2 日的 1 点被执行

   C. 计划任务将由 Python 用户执行

   D. 计划任务将有 root 程序执行

4. 如下所示是管理员在一个 Python 脚本中写下的内容，下面说法正确的是（　　）。

```
import paramiko
password ="123456"
username ="admin"
ssh_client=paramiko.SSHClient()
ssh_client.set_missing_host_key_policy(paramiko.AutoAddPolicy())
ssh_client.connect(hostname=ip,username=username,password=password)
```

  A. 此时管理员调用的是 telnet 模块相关代码

  B. 此时管理员提供的用户名为 123456，密码为 admin

  C. 此时管理员提供的用户名为 admin，密码为 123456

  D. 如果这是 python 脚本全部代码，那么管理员执行这些代码将会成功

5. Python 的（　　）提供了 SSH 协议连接网络设备的功能。

  A.time 模块　　　B.telnetlib 模块　　　C.paramiko 模块　　　D.getpass 模块

二、多选题

1. Python 的运行方式包括（　　）。

  A. 脚本式运行　　B. 代码式运行　　C. 交互式运行　　D. 即时式运行

2. Python 的特点主要有（　　）。

  A. 可移植性　　B. 解释性　　C. 开源　　D. 收费

3. Python 语言的缺点有（　　）。

  A. 运行速度较慢　　B. 程序不能够加密

  C. 只能在 Linux 上运行　　D. 拥有大量的第三方库

4. 下列关于 Python 语言说法正确的有（　　）。

  A.Python 是胶水型语言　　　B.Python 跨平台、开源

  C.Python 是脚本语言　　　D.Python 是编译型语言

5. Python 的解释器有（　　）。

  A.cpython　　　B.jython　　　C.pypy　　　D.mpython

三、项目实训题

1. 在各交换机上配置网管地址与 SSH 服务（用户名为 root，密码为 Hw12#$cJ），使得网管计算机能通过 SSH 服务管理公司交换机。

2. 使用 Python 代码备份一次所有交换机的运行配置。备份文件保存在 /root/backup 目录下，默认备份文件命名格式为"年月日-IP-短学号.txt"。